大禹手绘系列丛书

规划手绘教程

田虎　党炜琛　著

中国水利水电出版社
www.waterpub.com.cn
·北京·

内容提要

本书为大禹手绘系列丛书之一，是对规划手绘进行全面解析的综合教程，以规划手绘方法为基础，解决规划手绘难点为目标，提升规划手绘水平为宗旨。本书包含手绘概述、景观植物与节点表现、建筑单体与组合表现、道路及经济技术指标、马克笔上色的基本技法、规划平面图表现、规划基础鸟瞰图表现、规划快题作品欣赏，共 8 个章节，内容由浅入深，全面详细。相信通过本书的学习，能够拓宽读者的设计思路，并使城市规划设计方案表达能力和图面表现能力得到全面提升。

本书可供建筑、规划、景观等设计类专业低年级同学了解手绘、高年级同学考研备战，也可供手绘爱好者及相关专业人士参考借鉴。

图书在版编目（ＣＩＰ）数据

规划手绘教程 / 田虎，党炜琛著. -- 北京 ： 中国
水利水电出版社，2017.5
（大禹手绘系列丛书）
ISBN 978-7-5170-5432-0

Ⅰ．①规… Ⅱ．①田… ②党… Ⅲ．①城市规划－建
筑设计－高等学校－教材 Ⅳ．①TU984

中国版本图书馆CIP数据核字(2017)第116253号

丛 书 名	大禹手绘系列丛书
书　　名	规划手绘教程 GUIHUA SHOUHUI JIAOCHENG
作　　者	田虎　党炜琛 著
出版发行	中国水利水电出版社 （北京市海淀区玉渊潭南路1号D座　100038） 网址: www.waterpub.com.cn E-mail: sales@waterpub.com.cn 电话: (010) 68367658（营销中心）
经　　售	北京科水图书销售中心（零售） 电话: (010) 88383994、63202643、68545874 全国各地新华书店和相关出版物销售网点
排　　版	中国水利水电出版社微机排版中心
印　　刷	北京博图彩色印刷有限公司
规　　格	200mm×285mm　16开本　9印张　166千字
版　　次	2017年5月第1版　2017年5月第1次印刷
印　　数	0001—4000册
定　　价	**58.00元**

序

　　手绘简言之就是手工绘画，在国内属近些年新兴起的一个行业。手绘与现代生活密不可分，其形式也是多种多样，各具专业性，对建筑师、研究学者、设计人员等设计绘图相关职业人来说，手绘设计的学习可以贯穿整个职业生涯，它是衡量大学生手绘能力的重要指标。手绘培训是一种以手绘技能需求为对象的教育训练，对现代社会设计美学的传承有着不可取代的现实意义。

　　手绘是从事建筑设计、规划设计、服饰陈列设计、橱窗设计、家居软装设计、空间花艺设计、美术、园林、环艺、摄影、工业设计、视觉传达等专业学生的一门重要的必修课程。在手绘的学习过程中，临摹练习是一个非常重要的内容与环节，大量的临摹练习可以快速提升学生的手绘能力。同时，手绘的好坏对于大学生毕业、就业都有很大的影响。

　　对设计师来说，手绘具有不可替代的作用，它是设计师表达方案构思的一种直观而生动的方式，也是方案从构思迈向现实的一个重要过程。已成为设计师必备的专业技能，它不仅能准确地表达设计构思，还能反应设计师的艺术修养、创作个性与创造能力。

　　那么手绘的意义何在？对设计师的重要性有哪些？

　　（1）积累素材，培养设计师敏锐的设计感知力。

　　手绘是收集设计资料的好方法，设计师可以随时记录不同产品的形态、材质、色彩或是局部细节，有时也可以加以文字说明，将这样的资料整理成册就可以形成丰富的素材库，做设计时就能拓展思路、得心应手，否则设计就成了无源之水、无本之木。在进行设计速写的过程中通过对形态、色彩的感受并重新塑造形象，可以全方位地提高观察能力、感受能力、造型能力、审美能力以及创造性思维能力。

　　在绘制过程中将脑、手、眼三者结合在一起，脑中想到什么，手上能画什么，眼睛的感觉又反馈到脑中，大脑反复思维，将可视形象不断完善。因此，要想随心所欲地表达设计意图，必须具备快速造型的能力——即设计速写的能力，把眼睛看到的形象，准确、快速地记录下来。所以，平时多画一些产品速写非常有必要。一方面可以提高自己快速造型的能力，另一方面在绘画的过程中也是一个不断熟悉、分析、理解结构形态的过程。

　　（2）表达设计师的设计构思。

　　手绘是把设计构思转化为现实图形的有效手段，根据设计的不同阶段我们可以把草图分为构思草图和设计草图。构思草图一般使用铅笔、钢笔、针管笔、马克笔等简单的绘图工具徒手绘制，是一种广泛探索未来设计方案可行性的有效方法，也是对设计师在设计中的思维过程的再现，它可以帮助设计师迅速地捕捉头脑中的设计灵感和思维路径，并把它转化成形态符号记录下来。

在设计初期，我们头脑中的设计构思是模糊、零碎、稍纵即逝的，当我们在某一瞬间产生了设计灵感，就必须马上在较短的时间内，尽量用简洁、清晰的线条通过手中的笔绘制出来，快速记录下这些既不规则又不完美的形态。这个过程的手绘相对比较随意，可能是些草的小构图，或是些只能自己看懂的图解示意。待构思设计阶段完成后，再返回来修改这些未经梳理的方案。淘汰其中不可行的部分，把有价值的方案继续修改完善，直到自己满意为止。那些混乱的不规则的形态虽然不能直接形成完美的设计，但它们经常可以丰富设计师的联想，使设计师的思维不会固定于某一具体形态，这样设计师就很容易产生新的想象与创意。如菲利普·斯塔克设计的榨汁机"沙利夫"，草图就是他在一家餐馆就餐的过程中偶然勾画出来的；著名建筑师弗兰克·赖特的流水别墅也是他在灵感闪动的寥寥几笔徒手草图的基础上深化发展而来的。

（3）体现设计师的艺术修养和美学追求。

设计草图是从构思草图中挑选出来的可以继续深入的、可行的设计方案，经过完善细节设计而来。设计草图的好坏直接关系到企业对设计方案的决策，一些好的设计构思和想法，有时候可能会由于草图的效果表现不够充分而不被企业采纳。因此，在设计草图阶段，设计师要注意画面效果和草图的艺术表现力。

手绘更具人性化，是设计师以快速形式表达情感和个性，表达审美情趣和突发的种种意念的直接工具。一幅好的手绘设计作品往往建立在设计师严格的造型艺术训练的基础上，并还能体现设计师的个人修养与文化修养。手绘表现具有多样性和随意性，通过手绘表现可以展示设计师的个人风格，提升自身素质，也是表达个人美学修养和美学追求的一种方式。作为一名成熟的设计师，其艺术风格或俊逸、或质朴、或宕拔、或清淡，无一不是在孜孜不倦的学习与实践中逐步形成的。

（4）与企业和同行交流的工具。

设计师在设计的过程中，对于整体功能布局、框架结构以及美学与人机工程学方面的可行性研究，往往需要与企业决策层的领导，机械、电器、结构设计工程师，以及企业中的生产、市场销售等与产品开发相关的各部门人员进行反复交流和沟通，设计师可以通过手绘来及时表达自己的想法，共同

评价草图方案的可行性，以达成初步的设计意象，进一步完善自己的设计。

　　在与小组成员交流推敲设计方案时，手绘草图快捷直观的表现形式可以把个人想法迅速提供给小组成员，以利于小组成员之间交流彼此的设计思路。而且设计草图也能将产品造型的局部结构、装配关系、操作方式、形体过渡等设计的主要内容表现出来。

　　一名优秀的设计师，不仅要有好的构思、创意，还需要通过一定的表现形式将其表达出来，构思要想被感知必须通过某种特定的载体转化，手绘这一图解方式是表达设计创意与构思，捕捉灵感最直接、最有效的手段。手绘草图绘制速度快、线条优美自然，给人一种强烈的艺术感染力。这种人手绘出的不确定性线条和色彩很容易激发人们丰富的想象力，从而可能不断地产生新的创意。

田虎

2017 年 2 月

作者简介

田虎

　　毕业于西安石油大学，现任大禹手绘西安校区副校长、课程主管兼规划基础负责人。2011 年任西安城市人家装饰公司方案设计师，2012 年任西安圣雅景观设计院景观设计师。多年参与大禹手绘基础部书籍出版工作，参与出版《大禹景观参考资料 2013 版》，参与编写《建筑快题 100 例》，2015 年、2016 年《大禹手绘规划基础书》，2016 年《大禹手绘景观临摹本》《大禹手绘建筑临摹本》。

党炜琛

　　毕业于西安美术学院，现任大禹手绘武汉校区教学主管、景观基础负责人。从业两年以来一直致力于大禹手绘景观基础课程的不断完善。2013 年任职于金螳螂室内装饰设计公司并参与项目设计，2014 年获手绘设计大赛"总统家杯"优秀奖，2016 年参与出版《大禹手绘景观基础资料集》。

目 录

序

作者简介

第1章 手绘概述

1.1 如何掌握手绘

手绘，顾名思义即手工绘画，也可以称为徒手绘画，指在短时间内描绘物体的形状、大小、空间、透视关系等。手绘设计，通常是作者设计思想初衷的体现，能及时捕捉作者内心瞬间的思想火花，并且能和作者的创意同步。在设计师创作的探索与实践过程中，手绘可以生动、形象地记录下作者的创作激情，并把激情形象生动地注入作品之中。

在环境表现的手段与形式中，手绘的艺术特点和优势决定了其在表达设计中的地位和作用，表现技巧和方法带有纯然的艺术气质，在设计理性与艺术自由之间对艺术美的表现成为设计师追求永恒而高尚的目标。设计师的表现技能和艺术风格是在实践中不断地积累和磨炼油中成熟的，因此，对技巧的理解和方法的掌握是表现技法走向艺术成熟的基础。手绘表现的形象能达到形神兼备的水平，是艺术赋予环境形象以精神和生命的最高境界，也是艺术品质和价值的体现，更是人们对美好生活追求的体现。

临摹是手绘学习的一个必经阶段，通过大量的临摹，以期解决手绘效果图的一些基本问题，诸如线条、透视、素描关系和色彩关系等。俗话说，师傅领进门，修行在个人。提高手绘的秘诀似乎只有一条——大量的练习，希望从量变达到质变的飞跃。基于此，临摹的逼真效果往往成为我们最为关注的目的，而临摹的具体过程往往容易被忽视掉。然而，笔者通过实践教学发现临摹的具体过程同样也会反映出一些问题，特别是初学者在学习手绘过程中容易出现以下两点问题：

1.1.1 临摹作画的顺序

"画"对初学者来说并不陌生。然而，手绘效果图不是纯艺术作品，它要反映出空间的结构框架、装饰手法、设计风格以及材料搭配等内容。一幅手绘效果图虽然也是由点、线、面、体构成，但是，三维空间概念才是它的核心。如果认识不到，就会暴露一些问题。如有些初学者仅从线条与线条的位置、长度、方向、比例的相互关系推画，那么在临摹的过程中，他只看到了一堆线条而已，临摹的结果再真实，对他本人来说，只是画了一堆线条。试问一下其对该画的空间印象如何，装饰手法的特色等，会发现其收获甚小。这个过程除了展示作图的程序之外，更重要的是，我们要时刻有三维空间的概念——长、宽、高与线、面、体，任何物体都是占有一定空间的实体。如果初学者用速写、素描的心态，用"画""描"的方法临摹，必然会忽视很多内容，从而出现很多偏差。

1.1.2　练习的透视角度及空间层次

学生在手绘课程学习过程中，对于一点透视、两点透视、成角透视的效果图都要进行一定数量的临摹。希望每一个透视角度学生都能很好地掌握。但是，如果过多临摹一种透视角度，而忽视其他角度的对比和学习，往往会形成一个思维定势——凡是看到平面图只会用一种透视方法表示，造成思维的停滞。所以在教学过程中，根据同一个平面图来进行不同透视角度的手绘表现练习是非常有必要的。只有经过透视角度的不断变化，相互转化，才能让学生对三维空间有一个明确深刻的概念，有一个主动的求索。

被动是手绘初学者的一大天敌。由于构图、详略主次对比的需要，以及视点、视距、表现内容选择的不同，手绘效果图常常会省略一些内容。如只露出半个建筑，只画了一半的床等。如果初学者仅仅是依葫芦画瓢的临摹，则会显得十分被动。笔者在教学过程中发现，如果经常性地要求学生按照透视规律把剩下的不完整的内容补全，包括空间细节的扩展补全，学生在如此大量练习后手绘能力提升较为明显，既可以调动了学生的积极性，又检验了他们的透视知识，还引发了其对空间的进一步认识，可谓一箭三雕。小场景临摹练习之后，如何根据平面图不断扩大透视场景是接下来初学者需要解决的一个重要问题。扩大空间层次的进一步练习，才会更全面更主动地把握整体的空间环境塑造。才能逐渐地脱离"临摹"这个拐杖。

学习是过程，方法是向导。对于设计专业初学透视的同学来说，如何通过临摹的方法，更快更好的进步，需要我们给予更多的思考。当然，学生们还要有些悟性。想来"悟性"就是一种学习能力，一种思考能力。作为一名手绘课程的专业教师，本文以手绘教学实践中发现的问题作为切入点，把学生学习的全过程细化、展开。学生临摹多是课下功夫，课下作业。作为指导教师，只有更好地关注其学习过程，才能及时地发现问题，及时地给予学生引导。记得有人说过，"手绘这门技艺，就得靠反复练习"。

1.2 常用工具与用笔要点

1.2.1 常用工具

常用的绘图笔见图 1.2.1 所示，其各自特点如下。

（1）铅笔：建议使用自动铅笔，铅芯选择 2B 型号，否则纸上易产生划痕。

（2）针管笔：通常选用一次性针管笔，型号选择 0.1 或 0.2，三菱或者樱花牌皆可。初学者前期可以使用晨光会议笔，其优点在于价格便宜，性价比高。切记不可选用水性笔、圆珠笔。

（3）钢笔：可选择红环或者菱美牌的美工钢笔，它们适合画很硬朗的线条。切记不可用普通的书法美工钢笔。

（4）草图笔：选择用日本派通鸭嘴笔，粗细可控，非常适合画草图。

（5）马克笔：初学者可选用国产 Touch3 代或者 4 代，价格便宜，但出水较多不易控制；也可选用法卡勒马克笔。手绘基础较好且有一定经济条件的同学可以选择 My Color、三福霹雳马、AD 等品牌的马克笔。

（6）彩色铅笔：一般选择辉柏嘉 48 色彩铅或者酷喜乐 72 色水溶性彩铅均可。施德楼的 60 色彩铅效果非常不错。

（7）高光笔：选择三菱牌修正液加樱花牌提白笔。

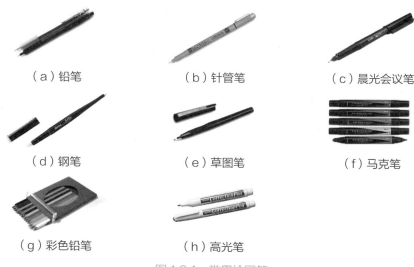

（a）铅笔　　　　　（b）针管笔　　　　　（c）晨光会议笔

（d）钢笔　　　　　（e）草图笔　　　　　（f）马克笔

（g）彩色铅笔　　　（h）高光笔

图 1.2.1　常用绘图笔

常用的绘图纸张如图 1.2.2 所示，其各自特点如下。

（1）白纸：色泽白、纹理细致，易于突出钢笔线条以及马克笔和彩铅的亮丽色彩。

（2）拷贝纸：纸质细腻、半透明、方便携带。由于拷贝纸纸质较软且半透明，所以一般使用较软质的铅笔、彩铅或墨线笔进行绘图，使用过硬的铅笔容易将纸面划破，马克笔在拷贝纸上色后颜色暗淡，笔号需要经过试验和选择。

（3）硫酸纸：比拷贝纸平整厚实，相对比较正式，半透明、表面光滑。由于纸质透明，马克笔在硫酸纸上上色后颜色暗淡，笔号需要经过试验和选择。

（a）白纸　　　　　　　　　（b）拷贝纸　　　　　　　　　（c）硫酸纸

图 1.2.2　常用绘图纸张

其他绘图工具：除了以上主要工具外，还需要橡皮、三角板、丁字尺、裁纸刀等辅助工具。如图 1.2.3 所示。

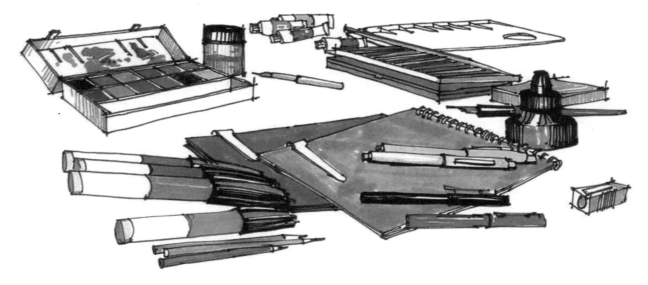

图 1.2.3　各类绘图工具

握笔姿势通常有以下三个要点。

（1）笔要放平，尽量平行于纸面。这样线条容易控制，也能用上力量。如图 1.2.4 所示。

（2）笔杆与画的线条要尽量成 90°直角。这个不是绝对直角，只要尽量做到即可，也是为了更好地用力。

（3）手腕不要活动，要靠手臂运动来画线。画横线的时候运用手肘来移动，竖线可以转成横线去画，短线则可以通过移动手指直接去画。

另外要注意：线条的长短是受手指、手腕、肘和肩膀的运动所控制的，大多数线条，哪怕是短线条，可以用臂力来画，也应该用臂力来画——以肩膀作为支点，这样画出的线条干净而利落。也可以用小指的一侧作为稳定点，手在这个稳定点上滑动。

图 1.2.4　握笔姿势示意

1.3　表现形式与表现方法

1.3.1 淡彩勾线法

淡彩勾线法是一种以线条来表现室内结构轮廓，以淡彩来表现室内气氛的方法。线条可以采用钢笔线、铅笔线等各种颜色的线条，一般选用与淡彩相协调的重色勾线。色彩可用水彩、水粉、国画色、透明水色、马克笔、彩铅等。绘制方法上可以先通过不同线型勾画结构，分出明暗，然后上淡彩。也可以先上淡彩后勾线。着色时可有浓淡变化，简单表现出室内主要色调及明暗关系。如图 1.3.1 所示。

图 1.3.1　淡彩勾线法佳作欣赏

1.3.2　平涂法

　　平涂法是用水粉来表现图画，是一种真实感较强，视觉感及绘画性较好的一种表现手法，明暗层次清晰，色彩质感逼真，在手绘效果图中使用较多。绘制方法为先平涂室内各界面的固有色调，再画深色暗部，最后画出高光线型。 如图 1.3.2 所示。

图 1.3.2　平涂法佳作欣赏

1.3.3　喷绘法

　　喷绘法是用喷笔及压缩泵充气喷色的一种方法。在完成底稿的基础上，用透明模板做遮挡，然后进行喷绘。用喷绘法绘制的图画表现色彩柔和，明暗层次细腻自然，且喷的遍数越多，色彩越丰富。如图1.3.3所示。在喷绘过程中需注意掌握好喷笔与画面距离的远近。喷绘完毕后，喷笔要清洁干净以避免下次堵塞。

图1.3.3　喷绘法佳作欣赏

1.3.4　马克笔法

马克笔是一种带有各色染料甲苯溶液的绘图笔，有粗细之分，色彩系列丰富，达120多种，并有金、银、黑、白等色。作画时利用纸张的性质来绘制特有的笔触，需用笔肯定。用马克笔绘制的图画不宜修改，因此需要绘图者在表达前做到心中有数。马克笔表现形式多样，是手绘效果图中既快捷又方便的表现工具，固使用比较普遍。如图1.3.4所示。

图1.3.4　马克笔法佳作欣赏

画彩铅效果图需选用笔芯硬度好、色彩浓的彩色铅笔。其特点为所含油质成分少，可自由重复及混合。用彩色铅笔表现效果图时，需注重铅笔排线的方向与疏密关系，彩色叠加的丰富度。彩色铅笔可单独表现效果图，也可以与淡彩相结合，既可产生渲染的效果又不失线条的挺括，表现效果独具特色。如图 1.3.5 所示。

图 1.3.5　彩色铅笔法佳作欣赏

1.4　线条练习技巧

线条不仅具有语言、文字所共有的说明、记录、叙事、交流、抒情等功能，更具有语言、文字不具备的形象、直观、简练和容易理解、方便操作等特点，因此成为信息时代人们交流和表达的"第三语言"，广泛应用于学习与生活之中。

1.4.1　直线

直线是手绘中应用最广泛的线，也是最主要的表达方式。直线分慢线和快线两种。慢线相对容易掌握，多用来画写生速写，比较适合细节刻画，所以画的速度相对较慢。慢线表现颇具意境，国内有许多手绘名家都是用慢线来画图的。快线所表现的画面比慢线更具视觉冲击力，画出来的图更加清晰、硬朗，富有生命力和灵动性，充满设计感，比较适合快速表现，但是较难把握，需要大量的练习和不懈地努力才能练好。

画快线的时候，要有起笔和收笔。画线的时候先确定"点"的位置，起笔的时候，从一个点出发，把力量积攒起来，蓄势而发，同时可以利用运笔来思考线条的角度、长度。当线画出去的时候，速度不要过快，应当平稳、有力地连接到另一点，最后收笔时应当准确地落到点上，但允许有些许误差，如图 1.4.1 所示。当然，后期熟练以后也可以把线"甩"出去，这样可以使画面显得轻松随意，不会过于拘谨，如图 1.4.2 所示。注意：起笔可大可小，根据每个人的习惯而定，这个不是绝对的，只是不宜过分强调起笔。如图 1.4.3 所示。

竖线比横线更加难掌握，为了降低作图难度，提高作图效率，可以在画图时调整画板角度，从而将竖线转化为横线来画。

1.4.2 曲线

画好曲线是学习手绘表现过程中的一大难点。曲线使用广泛，且运线难度较高，在画线的过程中，熟练灵活地运用笔和手腕之间的力量，可以表现出丰富、活泼的线条。

画曲线的速度要根据图面情况而定，相对简单的图可以用快线来表现。如果是比较细致的效果图，为了避免画歪、画斜而影响到画面的整体效果，我们可以选择用画慢线的方式来画。

1.4.3 乱线

在刻画植物、材质纹理的时候，我们会用到一些乱线的处理方式，乱线并不是毫无章法的胡乱涂画，而是用看似随意的线条塑造出生动的形体。

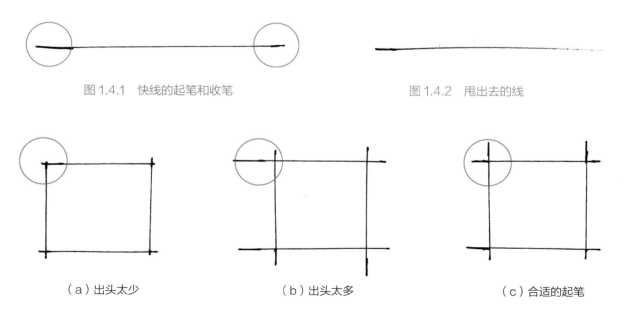

图 1.4.1 快线的起笔和收笔　　　　图 1.4.2 甩出去的线

（a）出头太少　　　　（b）出头太多　　　　（c）合适的起笔

图 1.4.3 起笔技巧

1.4.4　小结

　　线条是快速表现的基础，是造型元素中最重要的元素之一。线条看似简单，实则千变万化。快速表现主要强调线的美感，线条的变化包括快慢、虚实、轻重、曲直等关系。线条要画出美感，画出生命力，需要大量地练习。快速表现要求的"直"是感觉和视觉上的"直"，甚至可以在曲中求直，最终达到视觉上的平衡就可以了，如图1.4.4、图1.4.5所示。

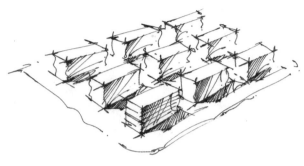

图1.4.4　慢线条的徒手表现

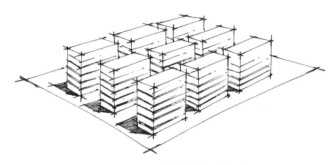

图1.4.5　快线条的徒手表现

1.5　透视原理

1.5.1　透视的定义

　　透视源于拉丁文"perspective"（看透），指在平面或曲面上描绘物体的空间关系的方法或技术，它具有科学的严谨性。分析透视关系是我们画图过程中最重要的一个环节，设计类专业的学生在大学期间都有透视学相关的课程，但是手绘中的透视和我们所了解的透视是有一定区别的。首先，大家需要了解，设计师画手绘图的目的往往是为了将自己脑海中最初的想法诉诸笔端，作为手绘图来说，透视并不需要非常准确，因为徒手表现是对设计思维进行探索性表达和对设计效果进行预期表现的一种快速绘图手法，具有一定的自由性，所以徒手绘制的透视是无法去比拟电脑软件的。那么是不是说手绘中的透视只要随便练一下就可以呢？不是这样的，这里所说的透视不需要很准确，是因为有很多人由于太纠结于透视的问题，而忽略了手绘最重要的感觉。但是，我们的透视绝对不能出错。如果一张图的透视错了，那么无论线条再生动，色彩再绚丽，都是一幅失败的作品。如果说线条是一张画的皮肤，色彩是一张画的衣服，那透视一定是这张画的骨骼，其中的主次关系，大家一想就已经明了了。那怎样才能够做到透视不纠结，又不出错呢？通过一些基础的理解和训练，是完全能够提高这方面能力的。

1.5.2　常用的透视

　　透视的三大要素分别为线性透视、空气透视和隐形透视，简单来说就是近大远小、近明远暗、近实远虚。手绘图的线稿部分，主要是运用近大远小这个要素。

　　手绘图中最常用到的透视主要有一点透视、两点透视和三点透视，其中前两者最常用。

1. 一点透视

　　一点透视又称为平行透视。其特点是简单、规整，表达图面全面。绘制一点透视图时需要记住——一点透视的所有横线绝对水平，所有竖线绝对垂直，所有带有透视的斜线相交于一个灭点。如图 1.5.1 所示，立方体的前后两条竖线实际上是一样长的，但是由于透视的原因，我们看到的情况是离我们近的一条线较长，远的一条线较短。同理，其他的竖线也都是一样长的，只不过在我们的视线里它们越来越短，最后消失于一个点，这个点就叫灭点。正是因为有了近大远小的透视关系，我们才能够在一张二维的纸面上塑造出三维的空间和物体。

　　一点透视表现范围广，纵深感强，适合表现一些庄重、严肃的室内空间，但缺点是比较呆板，手绘效果不是很理想，所以我们在一点透视的基础上又衍生出了一点斜透视，如图 1.5.2 所示。

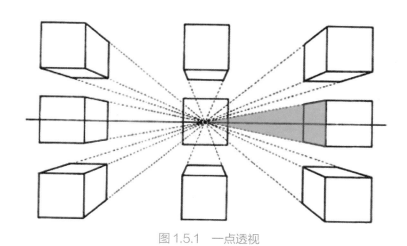

图 1.5.1　一点透视

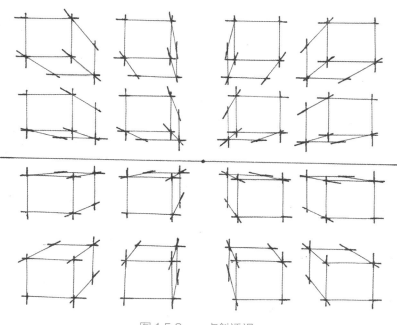

图 1.5.2　一点斜透视

2. 两点透视

两点透视又称为成角透视。两点透视是手绘图中最常用的透视方法，其优点在于比较符合人们看物体的正常视角，因此塑造出来的图面也最为舒服。但两点透视的难度远大于一点透视，错误率也相对较高。想要画好两点透视，就一定要找准灭点的位置，而这需要大量的线条和透视训练。如图1.5.3、图1.5.4所示。

注意：①确定视平线保持水平，不能歪斜；②画面中的两个消失点，在同一视平线上，所有的透视线都消失于那两个点，所有的竖线均保持垂直。

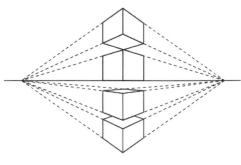

图1.5.3　两点透视1

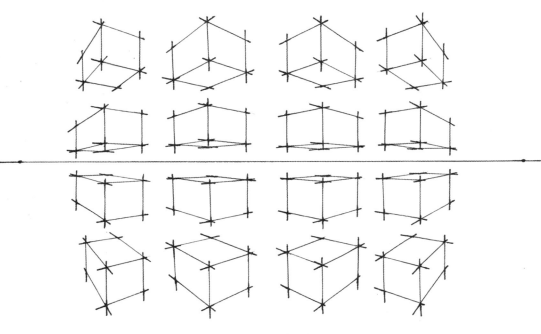

图1.5.4　两点透视2

3. 三点透视

有些时候，一点透视和两点透视并不能表现出众多的建筑群，在表现大面积的建筑群时，我们会用到三点透视，用于超高层建筑的俯瞰图或仰视图。第三个消失点，必须和画面保持垂直的主视线，使其和视角的二等分线保持一致。三点透实际上就是在两点透视的基础上多加了一个天点或者地点，即仰视或者俯视，这种透视原理也叫做广角透视。在建筑设计和城市规划设计中经常用到三点透视的俯视画法，即鸟瞰图的画法。如图1.5.5所示。

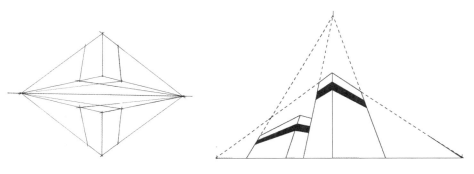

图 1.5.5　三点透视

1.5.3　透视的练习方法——几何体块绘制

通过观察分析和归纳，规划中的建筑是一个个方盒子或是基本的几何体，能分解成体块是因为建筑本身就是由方盒子构成的，往外补个盒子，往里切一个盒子，不同角度的，都是建筑空间感培养的不二法则。画体块盒子是为了辅助自己的立体形象思维，对盒子穿插、变化的想象和描绘，是对自己立体空间形象思维能力的一种挑战和磨炼。如图 1.5.6 所示。

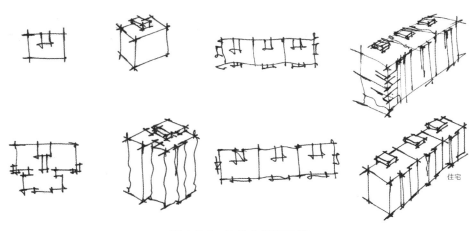

图 1.5.6　体块盒子训练图

在设计中并不是头脑中有一个具体形象后才画到纸上，有时甚至只是一个局部的勾勒，只有将构思画出来了才能验证它能否有设计感和可实施性。规划中光影的作用可以使建筑的体量三维呈现，利于塑造空间情境的设计元素之一，增强形体的体积感，还能使建筑形象更加生动。

世间万物都可由几何体构成，只要我们通过训练能够画出一个最简单的几何体旋转 360°时的透视图，那么我们就能够通过几何体的形式处理好更复杂物体的手绘表现图，如图 1.5.7 所示。

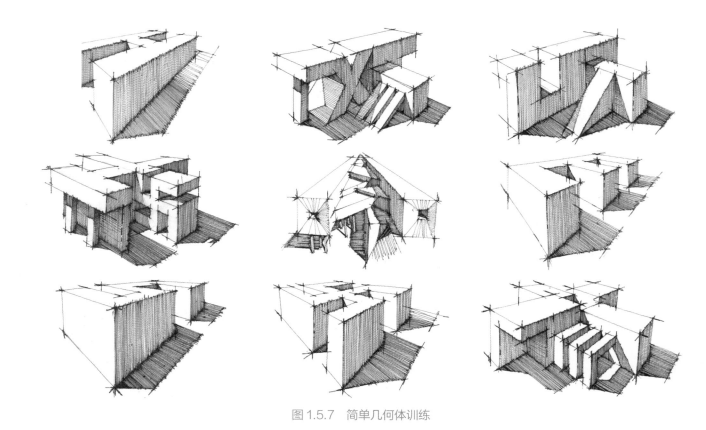

图 1.5.7　简单几何体训练

第 2 章　景观植物与节点表现

2.1　植物的表现手法

　　植物是手绘效果图中必不可少的一部分，是环境表现的主要内容。作为效果图的配景，如果缺少了植物，那么整个画面就会变得死气沉沉，毫无生机。表现树木的时候要准确真实地体现出树种的特征和体积，并通过自己的理解加以概括、简化和变化的处理，使之与建筑相协调，以达到突出建筑的目的。

2.1.1　乔木

　　乔木是指树身高大的树木，由根部生长出独立的主干，树干和树冠有明显的区分。乔木在手绘效果图中是最常用的，在绘制时需要观察树木的形态特征及各部分之间的关系，了解树木的外轮廓形状，学会形态的概括。如图 2.1.1、图 2.1.2 所示。

图 2.1.1　各类乔木手绘图

大禹手绘系列丛书　规划手绘教程

图 2.1.2　各类乔木手绘上色图

1. 棕榈树、椰子树

　　棕榈树与椰子树都属于棕榈科，有树身较高、叶柄粗壮的特点，在别墅景观或者滨海景观等大场景中会经常用到。我们只要学会了画它们的各个叶片及方向的转变，就能将其绘制得栩栩如生。如图 2.1.3 所示。

图 2.1.3　椰子树手绘图

2. 松树

　　松树在景观后景中也是常用植物之一，我们在处理它时需要注意它的基本几何体以及叶片的组织形式。如图 2.1.4 所示。

图 2.1.4　松树手绘图

2.1.2 灌木

灌木和乔木一样都属于木本植物。但灌木的植株相对矮小，没有明显的主干，呈丛生状态。单株的灌木画法和乔木相同，没有明显的主干而是近地处枝干丛生。如图 2.1.5 所示。

图 2.1.5 常见灌木手绘图

1. 冬青

冬青在景观里是常用植物，我们在绘画时要注意它的基本形——圆形，需通过线条处理好它的形体与黑白关系。如图 2.1.6 所示。

图 2.1.6 冬青手绘图

2. 压边草

绘图者需学会灵活运用通过单个叶片各个方向的旋转来进行绘制，将压边草有序地组织起来，以达到突出主体建筑轮廓的目的，如图 2.1.7 所示。

图 2.1.7 各类压边草手绘图

2.2　景石与水体的表现手法

2.2.1　景石

　　景观碎石（又称景石）在景观设计中作为配景会经常出现。绘制景石的时候要根据它的形态特征来用笔，通过线条粗细、轻重、软硬的变化，来突出它的结构特征与褶皱感。如图2.2.1所示。

图 2.2.1　常见景石手绘图

2.2.2　水体

　　水体是景观中的血脉，是生机所在，除了在生态、气象、工程等方面有着不可估量的价值外，水体还是外部环境设计中的重要因素之一，对人们的生理和心理都起着重要的作用。在手绘图中，水体可以优化环境、活跃气氛，同时还可以丰富景观的空间层次。在规划设计中灵活、流动的水体，常常用来组织景观，引导、划分空间，形成环境与视觉的焦点。如图2.2.2所示。

图 2.2.2　带有水体的景观手绘图

大禹手绘系列丛书　规划手绘教程

水体分为静水和动水。

1. 静水

静水顾名思义就是在设计中使用静止的水景效果，手绘表现时要适度注意倒影，并在水中略加些植物以活跃画面，需要注意的是水的反光颜色及水体固有色和留白的处理。如图 2.2.3 所示。

2. 动水

动水是指流速较快的水体，所谓"滴水是点，流水是线，积水成面"，这句话概括了水的动态画法。表现水的流动感时，用线宜流畅洒脱。在水流交接的地方可以表现水波的涟漪和水滴的飞溅，使画面更生动自然。用扫笔的形式去表达，需要注意线条的用量，线条不宜过多，图面应多以留白为主。如图 2.2.4 所示。

图 2.2.3　带有静水的景观手绘图

图 2.2.4　带有动水的景观手绘图

2.3 亭廊的表现手法

　　亭廊是景观手绘图中常用的构筑物，不仅具有休闲景观的功能，同时也是观景的重要元素。在表达亭廊中需注意其顶部的交点以及亭廊的高度，把握好这两点，就能够很好地将其元素运用到手绘图中。如图2.3.1、图2.3.2所示。

图 2.3.1　亭廊手绘图 1

图 2.3.2　亭廊手绘图 2

2.4 铺装及景观设施的表现手法

地面铺装在景观表达中起到非常重要的作用，地面铺装多以防腐木和石质材料为主，我们需要学会各种地面铺装的表达方式，多收集表材。如图 2.4.1 所示。

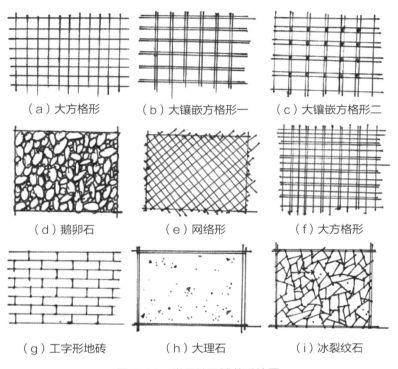

（a）大方格形　　　（b）大镶嵌方格形一　　　（c）大镶嵌方格形二

（d）鹅卵石　　　　（e）网络形　　　　（f）大方格形

（g）工字形地砖　　（h）大理石　　　　（i）冰裂纹石

图 2.4.1　常见地面铺装手绘图

设施：注意好构筑物形体、比例、体量、透视关系，在效果图中设施尺度非常重要。如图 2.4.2 所示。

图 2.4.2　常见设施手绘图

人物：人物在效果图中可以起到丰富画面的作用，人物也是效果图中的一把尺子，可作为度量建筑尺度的参照物。在效果图中可以适当运用，但不易花过多时间去绘制。如图 2.4.3 所示。

图 2.4.3　常见人物手绘图

2.5　景观小品的表现手法

景观小品是通过将景观中的单体与材质组织起来，合理有序地摆放在图面当中的小品。对景观小品的表现应更加注重物体与物体之间的组合关系，以及空间的延伸和对单体与材质的总结。如图 2.5.1 ～图 2.5.3 所示。

图 2.5.1　景观小品手绘图 1

图 2.5.2 景观小品手绘图 2

图 2.5.3 景观小品手绘图 3

第 3 章　建筑单体与组合表现

3.1　居住建筑单体

3.1.1　住宅建筑

居住区是承载居住功能的建筑实体，包括满足居民的日常生活需求的住宅建筑和相关的配套公共服务设施。住宅区内居住建筑常见的布局形式有行列式、周边式、点群式、混合式几种典型形式。应充分了解各种布局形式的特点和适用和条件，兼顾技术的合理性与空间的形式感。

1. 别墅

别墅常为 2 ～ 3 层，包括独立别墅与拼联别墅两种类型，南北常设独用庭院。别墅通常日照、通风条件较好，生活十分舒适便利，机动车道可直接到户。如图 3.1.1 所示。

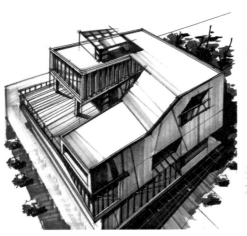

图 3.1.1　别墅手绘图

图 3.1.2　多层住宅手绘图

2. 多层住宅

4 ～ 6 层的住宅被称为多层住宅，公共楼梯可解决其垂直交通。多层住宅用地较低层住宅节省，造价比高层住宅便宜。一般 2 ～ 4 个单元组成板式，以南北向行列式布局为主。如图 3.1.2 所示。

3. 小高层住宅

8 ～ 11 层的住宅被称为小高层住宅，其平面布局类似于多层住宅，有载人电梯但无消防电梯，单体形态较灵活，包括点式或多单元板式，南北向布局为主。如图 3.1.3、图 3.1.4 所示。

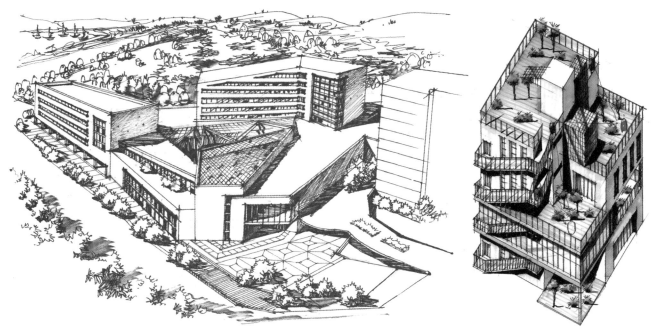

图 3.1.3　小高层住宅 1

图 3.1.4　小高层住宅 2

4. 高层住宅

12 层以上的住宅被称为高层住宅，设电梯作为垂直交通工具。以独栋点式为主，可拼接板，布置应满足日照规范注意的住宅朝向。如图 3.1.5 所示。

图 3.1.5　高层住宅

3.1.2　配套建筑

　　配套建筑是住区内部的公共服务设施，满足居民日常生活、购物、教育、文化娱乐、游憩、社交活动需要，是社区生活的重要组成部分。主要包括幼儿园、小学、会所和商业配套设施等。

1. 幼儿园

　　幼儿园包括学龄前儿童托管和教育机构，建筑一般为 2 ~ 3 层，拥有独立的活动场地，日照、通风条件良好。如图 3.1.6 ~ 图 3.1.8 所示。

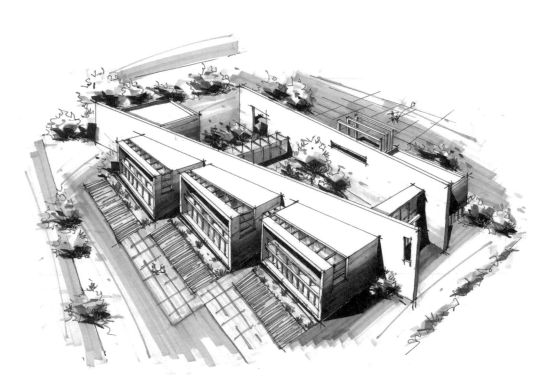

图 3.1.6　幼儿园手绘图 1

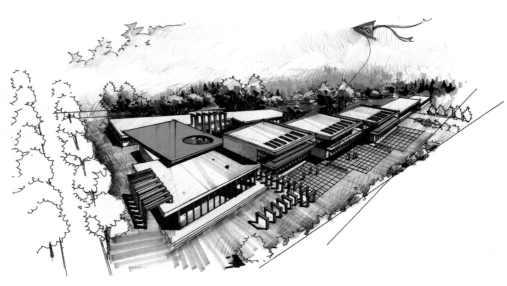

图 3.1.7　幼儿园手绘图 2

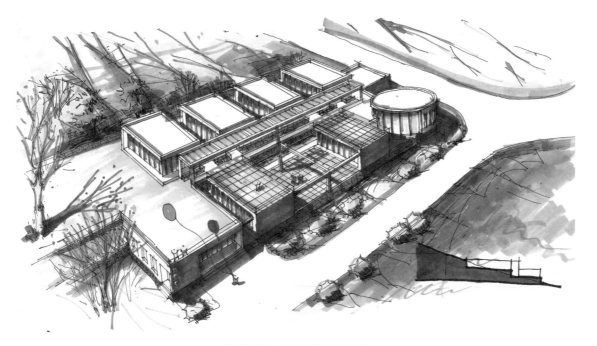

图 3.1.8　幼儿园手绘图 3

2. 小学

小学为 6 ～ 12 岁儿童的教育机构，建筑一般不超过 4 层，占地面积较大，设专门的运动场地和绿地。如图 3.1.9、图 3.1.10 所示。

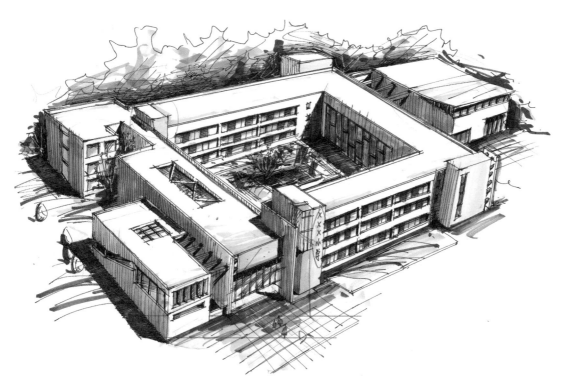

图 3.1.9　小学手绘图 1

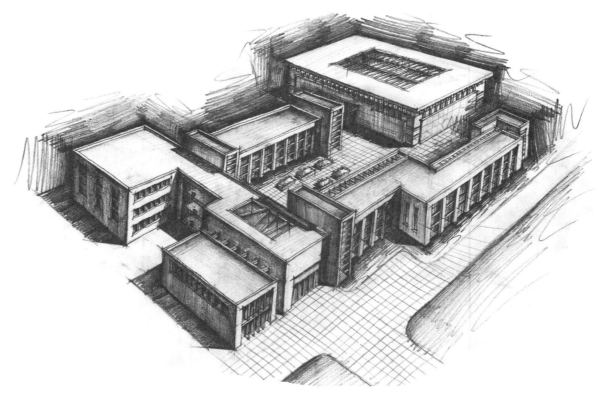

图 3.1.10　小学手绘图 2

3. 会所

会所是居住区内部居民的休闲文化娱乐活动中心，其规模根据居住区的大小各有不同。如图 3.1.11、图 3.1.12 所示。

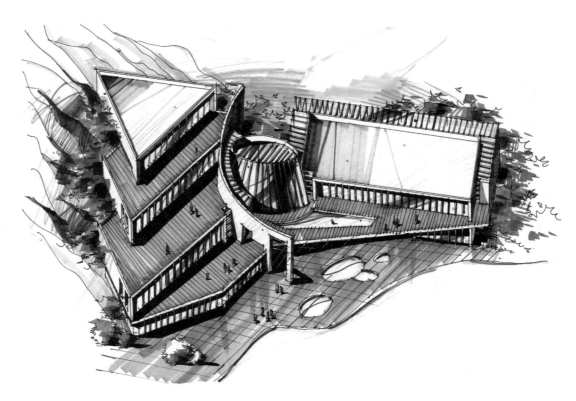

图 3.1.11　会所手绘图 1

图 3.1.12 会所手绘图 2

4. 商业配套

　　商业配套为居住区内部及周边居民使用的商业服务设施，一般沿城市道路布置，和住宅裙房配合使用。如图 3.1.13 所示。

图 3.1.13 商业配套建筑手绘图

3.2 商业、办公建筑单体

　　中心区承载城市的商务、商业和文化职能，是反映城市性格与特征的核心区域，也是市民公共活动的集中场所。中心区建筑功能复合、形态各异，主要包括办公建筑、商业建筑以及文化建筑等。

3.2.1 办公建筑

办公建筑平面较为单一，通常成组出现，分为多层和高层两种类型。

1. 多层办公建筑

多层办公建筑是指 6 层以下的办公建筑，通常用板式结构，以普通办公、会议为主要功能。如图 3.2.1、图 3.2.2 所示。

图 3.2.1　多层办公建筑手绘图 1

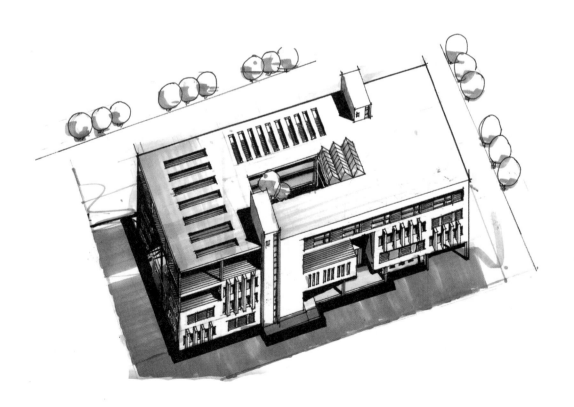

图 3.2.2　多层办公建筑手绘图 2

2. 高层办公建筑

高层办公建筑是指 6 层以上的办公建筑，功能复合，通常兼顾商业、娱乐以及居住等功能，结构包括塔式和板式两种。如图 3.2.3 所示。

图 3.2.3　高层办公建筑手绘图

3.2.2　商业建筑

商业建筑以购物、休闲、娱乐、住宿为主要功能，平面尺度大、形态变化丰富、布局与组织方式自由灵活，主要分为购物中心、市场、商业步行街、旅馆等建筑类型。

1. 购物中心

购物中心为综合性服务的商业集合体，以购物、娱乐、餐饮、休闲等功能为主，包括百货商店和复合型购物中心两种形式。建筑物特征为体量大，平面组织灵活。如图 3.2.4 所示。

图 3.2.4　购物中心手绘图

2. 市场

汇聚农副产品、水产品、小商品、日用百货批发等的大型综合性市场，一般为单层大跨结构建筑。如图 3.2.5 所示。

图 3.2.5　市场手绘图

3. 商业步行街

一般在城市中心区会设置专门的步行区域，周边以商业建筑为主，包括小尺度的商业步行街和大尺度的现代商业步行街区。如图 3.2.6 所示。

图 3.2.6　商业步行街手绘图

4. 旅馆

旅馆是旅游者或其他临时客人住宿的营业性建筑。如图 3.2.7 ～ 图 3.2.9 所示。

图 3.2.7　旅馆手绘图 1

图 3.2.8　旅馆手绘图 2

图 3.2.9　旅馆手绘图 3

3.3 大学校园建筑单体

大学校园建筑以教学、科研和生活配套为主，体型规整，尺度适宜，主要包括教学建筑、办公建筑、生活建筑和文体建筑等。

3.3.1 教学建筑

教学建筑是指用于学生获取知识及培养学生专业技能的建筑，分为公共教学楼、专业系馆和图书馆等。

1. 公共教学楼

公共教学楼一般为校园内综合性教学楼，包含行政办公、日常教学等功能。如图3.3.1、图3.3.2所示。

图3.3.1 公共教学楼手绘图1

图3.3.2 综合性教学楼手绘图2

2. 专业系馆

专业系馆为某一院系进行专业教学及行政管理的教学用房。如图
3.3.3 所示。

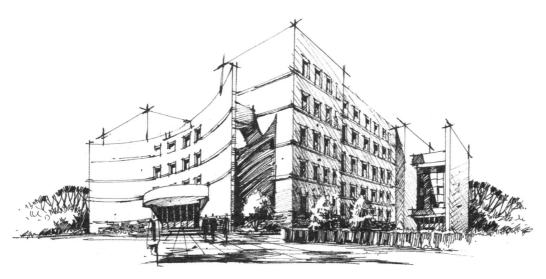

图 3.3.3　专业系馆手绘图

3. 图书馆

图书馆是学校的文献信息中心，是为教学和科研服务的学术性场
所，也是学生们课后自习的好去处。如图 3.3.4 所示。

图 3.3.4　图书馆手绘图

3.3.2 办公建筑

办公建筑为由党群机构、行政机构、辅助决策委员会以及支撑体系组成的行政管理建筑，办公建筑一般为多层板式或框架结构建筑，造型较简单。如图 3.3.5 所示。

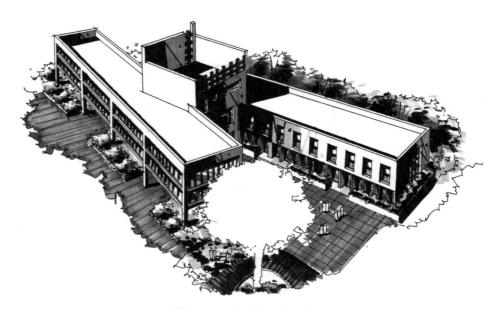

图 3.3.5 行政办公楼手绘图

3.3.3 生活建筑

生活建筑是指为学生日常生活提供服务的建筑，包括宿舍、食堂等。

1. 宿舍

宿舍是学校师生居住生活的地方。如图 3.3.6 所示。

图 3.3.6 校园宿舍手绘图

2. 食堂

食堂为学校师生餐饮、娱乐、活动的综合性用房。如图 3.3.7、图 3.3.8 所示。

图 3.3.7　校园食堂手绘图 1

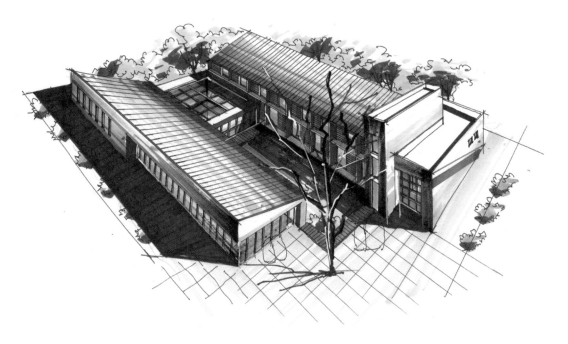

图 3.3.8　校园食堂手绘图 2

3.3.4　文体建筑

文体建筑是为学生的课余文化生活及体育运动服务的建筑，主要类型有体育馆、风雨操场和大学生活动中心等。

1. 体育馆

校园小型体育馆一般是以小型篮球馆为主，同时可以满足一般性体育活动的运动场馆。如图 3.3.9、图 3.3.10 所示。

图 3.3.9 校园体育馆手绘图 1

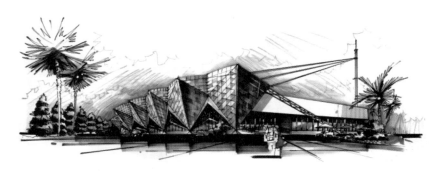

图 3.3.10 校园体育馆手绘图 2

2. 风雨操场

风雨操场的功能与体育馆比起来相对简单，一般无看台。如图 3.3.11、图 3.3.12 所示。

图 3.3.11 校园风雨操场 1

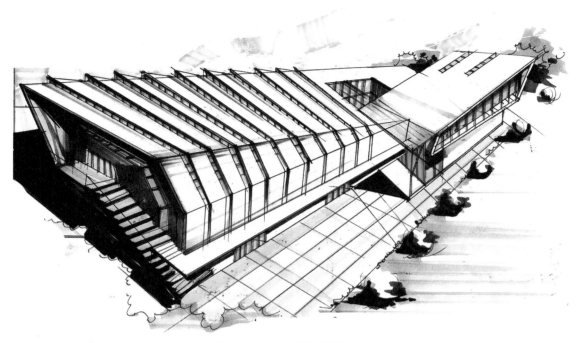

图 3.3.12 校园风雨操场 2

3. 大学生活动中心

大学生活动中心为集生活、学习、活动、娱乐等功能于一体的，容纳学生课外活动的大型公共建筑。如图 3.3.13 ~ 图 3.3.15 所示。

图 3.3.13 大学生活动中心手绘图 1

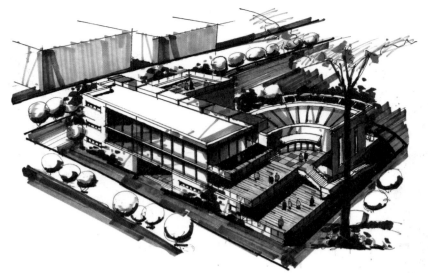

图 3.3.14　大学生活动中心手绘图 2

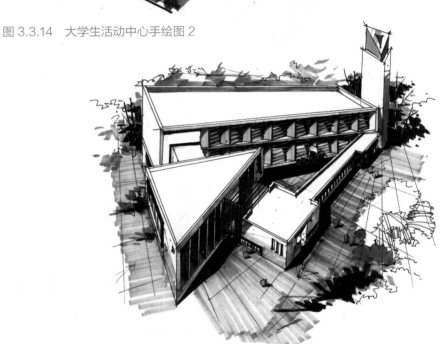

图 3.3.15　大学生活动中心手绘图 3

3.4　文化建筑单体

文化建筑单体通常有形态完整、造型独特、位置突出的特点，主要包括影剧院、文化馆、博物馆、会展中心等，用于满足人们的文化消费需求。

3.4.1　影剧院

影剧院是专门用来观赏戏剧、话剧、歌剧、歌舞、曲艺、音乐等表演的文化娱乐场所，独立设置时体型较规整，多厅影院一般设置于购物中心内部。如图 3.4.1 所示。

图 3.4.1　影剧院手绘图

3.4.2　文化馆

　　文化馆是用于开展社会宣传教育、普及科学文化知识、组织辅导群众、开展文化艺术活动的综合性文化建筑，形态变化丰富。如图3.4.2、图 3.4.3 所示。

图 3.4.2　文化馆手绘图 1

图 3.4.3　文化馆手绘图 2

3.4.3 博物馆

　　博物馆是供搜集、保管、研究、陈列、展览有关自然、历史、文化、艺术、科学、技术等方面的实物或标本之用的公共建筑，形式各异，造型丰富。如图 3.4.4、图 3.4.5 所示。

图 3.4.4　博物馆手绘图 1

图 3.4.5　博物馆手绘图 2

3.4.4　会展中心

　　会展中心是可聚集大规模人群，进行大型会议、展览、活动等集体项目的建筑，一般为大跨结构，体型较为简单、统一，富有整体性。如图 3.4.6 所示。

图 3.4.6　会展中心手绘图

3.5　交通建筑单体

　　交通建筑单体包含航空楼、火车站、汽车站等，内部空间开阔，一般使用大跨结构，形体较统一，大型的交通建筑通常成为城市的标志性建筑，如图 3.5.1、图 3.5.2 所示。

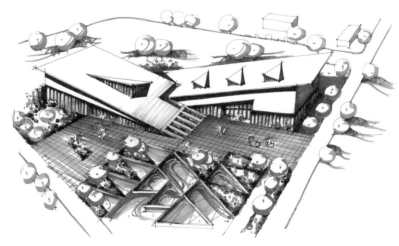

图 3.5.1　汽车站手绘图

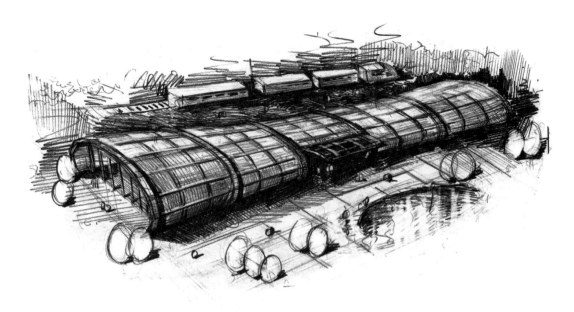

图 3.5.2　火车站手绘图

3.6　建筑群体组合

建筑群体的空间组合布局要注意建筑群体与基地的关系，包括占领、围合、联系、占据一边和充满等。设计师应该综合分析场地的特征、技术指标的要求和使用功能的需要，进行妥善设计。

在建筑群体基本布局形式的基础上，设计师应结合具体地型加以灵活变通，创造出丰富、流畅的群体空间。需要注意的是，在整体效果上应把握住空间的秩序感和整体的协调感，既不流于枯燥、平淡，又要避免建筑群体庞杂、混乱。如图 3.6.1 ～图 3.6.4 所示。

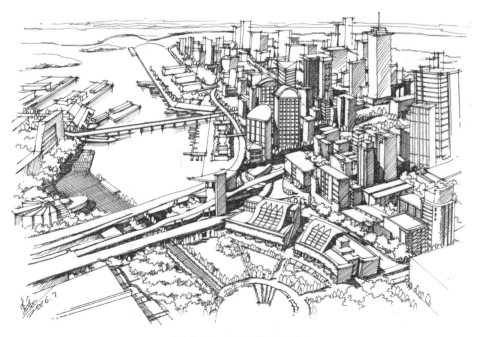

图 3.6.1　建筑群手绘图 1

图 3.6.2　建筑群手绘图 2

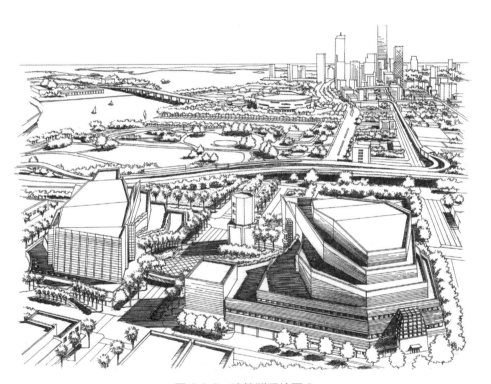

图 3.6.3　建筑群手绘图 3

道路是城市的骨架，是形成一个片区的主要结构要素。城市道路将城市划分为不同的街区，并与周围建筑及其他环境要素共同构成街道空间；片区内部道路把地段划分成若干组团，实现功能活动的联系，形成空间的基本组织构架；步行道是满足人们步行需要的主要道路。各类道路各司其职，满足人们日常的交通、休闲要求。

4.1　城市道路

城市道路根据其作用和设计时速，可以分为快速路、主干路、次干路和支路四大类。如表 4.1.1 所示。

表 4.1.1　　　　　　　　　　城市道路分类

类型	快速路	主干路	次干路	支路
特征	在特大型城市或大型城市中设置，是用中央分隔带将上、下行车辆分开，供汽车专用的封闭型快速干路。主要联系市区内各主要地区、市区和主要的近郊区，是对外联系的主要道路。车速快，通行能力强	是城市道路网的骨架，联系城市的主要工业区、住宅区、港口、机场和车站等客货运中心，承担着城市主要交通任务的干道。主干路沿线两侧不宜设置过多的行人和车辆入口，否则会影响道路通行	是市区内次要的交通道路，配合主干路组成城市干道网，起联系各部分和集散作用，分担主干路的交通负荷。次干路兼有服务功能，允许两侧布置吸引人流的公共建筑，并设停车场	是次干路与街坊路的连接线，为解决局部地区的交通而设置，以服务功能为主。部分主要支路可设公共交通线路或自行车专用道，支路上不宜有过境交通
设计时速 /（km/h）	80	60	40	30
车道数量 / 个	6 ~ 8	6 ~ 8	4 ~ 6	2 ~ 4
道路总宽 / m	35 ~ 45	40 ~ 55	30 ~ 50	15 ~ 30
转弯半径 / m	—	20 ~ 30	15 ~ 20	10 ~ 20
图示 /m				

4.2　内部道路

内部道路是具有相对完整性和明确边界的功能区内部的主要车行道路，如城市中心区、居住区、大学校园内的主要道路。内部道路又可分为主要道路、次要道路和支路。如表 4.2.1 所示。

表 4.2.1　　　　　　　　　　内部道路分类

类型	主要道路	次要道路	支路
特征	用以解决规划地段内外的交通联系以及内部主要功能组团之间的联系，是规划地段的主要结构要素	用以辅助解决地段内主要功能组团的交通联系以及组团内部交通	用以联系地段内建筑出入口与次要道路
车道数量 / 个	2 ~ 4	2	1 ~ 2
道路总宽 / m	15 ~ 25	10 ~ 15	6 ~ 10
转弯半径 / m	15 ~ 20	10 ~ 15	3 ~ 6
图示 /m			

4.3　步行道路

步行道路是满足人们步行需要的道路，根据其在城市中的位置、周边环境特点以及主要功能可以分为 5 种，如表 4.3.1 所示。

表 4.3.1　　　　　　　　　　步行道路分类

类型	特征	图示
道路人行道	所有的城市道路两侧都会设置人行道，满足行人通行需要。人行道以硬质铺地为主，通常结合道路绿化设计，宽度根据道路性质不同而定，一般在 4 ~ 15m，人行道铺装设计根据道路宽度和重要性酌情考虑	
滨水步行道	一般沿滨水的堤岸会形成城市绿化带。滨水步道连接堤岸的各个景点，同时与水面保持良好的关系，实现人的亲水性。有的利用河岸高差，做成坡道或台阶，形成立体景观；有的设置伸向水面的平台，把步行系统和水面很好地结合在一起	
绿地步行道	绿地步行道是指在大型公共绿地中的步行道，连接绿地中的各个景点，满足人们在绿地中散步、行走和休息用途。在整个绿地中，可以以一条步行道为主，穿插多个步行小道。合理划分绿地，形成不同的片区，步道宜曲不宜直，宜变化不宜平淡	

类型	特征	图示
高架步行道	高架步行道包括高架步行道、空中走廊以及过街天桥等。行人和车辆各取其道，完全避开了相互的干扰，保证步行安全。在商业街区、商务楼群和居住区规划中，高架步行道和空中连廊的方式很好地解决了人车分行问题，有效地提升了活动品质	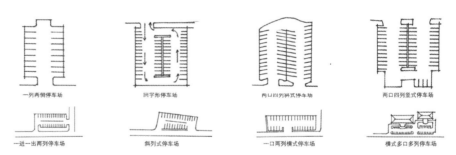
商业步行道	商业步行道是指在交通集中的城市中心设置的行人专用道，并在两侧集中布置商业设施形成商业步行街。步行道内设置绿地、水体和景观设施小品，形成良好的步行环境。商业步行道是城市中心类快题中经常涉及的内容，考生给予充分的重视	

4.4 机动车停车场与回车场

4.4.1 停车场

停车场根据车辆停放方式可以分为平行式、垂直式和斜列式，根据场地平面位置的不同可分为路边停车场和集中停车场，如图 4.4.1 所示。

图 4.4.1 各类停车场平面图

4.4.2 回车场

当尽端式道路的长度大于 120m 时，应在尽端设置不小于 12m×12m 的回车场。尽端式消防车道应设有回车道或回车场，回车场不宜小于 15 m×15m。大型消防车的回车场不应小于 18m×18m。如图 4.4.2 所示。

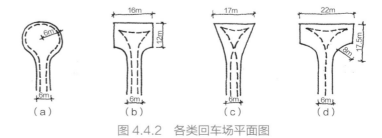

图 4.4.2 各类回车场平面图

第5章 马克笔上色的基本技法

5.1 马克笔概述

马克笔是目前手绘表现中最主流的上色工具，如图 5.1.1 所示。它的特点是色彩干净、明快，效果对比强烈，作图时间短，效率高，易于练习和掌握。不过作为一种快速表现工具，马克笔在艺术性上是无法跟水彩等表现效果相比的。马克笔上色，并不需要追求柔和而平缓的过渡，也不用讲究美术里的"高级灰"，而是使用既有的颜色，快速地表达出设计意图，直观地体现出自己的设计想法。

马克笔上色讲究快、准、稳三要点，这与我们画墨线线条的感觉很像，不同的是它不需要起笔、收笔，而是在想好之后，干脆肯定地出笔。从落笔到抬笔，不能有丝毫犹豫和停顿，否则颜色就会晕开。另外，马克笔还具有叠加性，即使是同一支笔，在叠加后也会出现 2~3 种颜色，但是通常不会叠加超过 2 次。同一个地方尽量不要用马克笔画 3 遍以上，否则画面会发脏发污。在不同颜色的叠加上，一般都采用临近色相叠加，尽量不要补色叠加，如果叠加的两个颜色偏差较大，则叠加次数不要太多，并且要控制好用笔的力度。

图 5.1.1 常见的马克笔

5.2 规划图常用配色

马克笔的品牌有很多，不同品牌之间的色系也不相同，初学者使用国产的 TOUCH 即可，其性价比较高，适合初学者练习使用。等到手绘技法熟练后可使用三福霹雳马、AD 等高档马克笔。在此向大家推荐 60 种 TOUCH 马克笔的颜色（色号如图 5.2.1 所示），这里所

1	9	12	14	24	25
42	43	46	47	48	50
51	55	58	59	62	67
69	70	76	77	83	92
94	95	96	97	98	100
101	103	104	107	120	141
144	146	169	172	185	WG1
WG2	WG3	WG4	WG5	WG7	BG1
BG3	BG5	BG7	CG1	CG2	CG3
CG4	CG5	CG7	CG9	GG3	GG5

图 5.2.1 推荐 TOUCH 常用色号

选择的颜色，全部是按照红、橙、黄、绿、蓝、紫的色相，且根据明度的不同来搭配的。也就是说不论哪一种颜色，都可以用我们的马克笔表现出亮、灰、暗三个层次。另外用马克笔或者彩铅的时候，都尽量不要选择纯度太高的颜色。马克笔的灰色根据色彩的冷暖关系分为 WG（暖灰）和 CG（冷灰），还有 BG 和 GG 分别是偏蓝色的灰和偏绿色的灰，这几种灰色也是我们经常用到的。

5.3　马克笔应用技巧及技法

5.3.1　马克笔初级技法

马克笔运笔方式根据所处光影的位置及材质要求分为四种：平移、扫笔、蹭笔、摆点自由笔。平移是基本用笔，扫笔用在亮部，蹭笔用在暗部，摆点自由笔多用在植物及柔软材质。其他运笔方式还有提线、斜推。在使用马克笔的过程中，运笔角度的不同可画出粗细不等的线条，亦可表达不同的光影变化。如图 5.3.1 所示。

目的——掌握正确的用笔姿势和角度，熟悉马克笔的特点。

1. 平移

平移直线在马克笔表现中是技法基础，也是较难掌握的笔法，所以马克笔画应从直线练习开始。下笔的时候要果断，起笔、运笔、收笔的力度要均匀，要把笔头完全地压在纸面上，力度不要太大，快速、果断地画出去。抬笔的时候也不要犹豫，不要长时间停留在纸面上，否则颜色会在纸上晕开，形成很大的一个"笔头"。不同比例的面要有不同的排列方式。平移的笔触主要用来铺大块面及色调，所以使用范围广泛。

2. 扫笔

扫笔就是在运笔的同时，快速地抬起笔，用笔触留下一段自然地过渡，类似于书法里的"飞白"。多用于处理画面边缘和需要柔和过渡的地方。扫笔技法多适用于浅颜色，重色扫笔时尾部很难去衔接。

3. 蹭笔

蹭笔就是指用马克笔快速地来回蹭出一个面。这样画的地方质感过渡更加柔和。

大禹手绘系列丛书　规划手绘教程

4. 摆点自由笔

马克笔的点主要用来处理一些特殊的物体，如植物，地毯等，也可以用于过渡（同线的作用）和活跃画面气氛。在画点的时候，注意要将笔头完全贴于纸面 45°。点的使用也不宜过多，否则画面会显得躁动。

5. 提线

马克笔画线与针管笔画线的感觉相似，不需要有起笔。用马克笔画线条的时候，一定要很细，所以可以用宽笔头的笔尖来画，宽笔头笔尖较硬，画出来的线更细。马克笔的线一般用于过渡。但是每层颜色过渡用的线不要多，一两根即可。多了就会显得很凌乱。

6. 斜推

斜推的技法用于处理斜面和菱形的位置，可以通过调整笔头的斜度来处理出不同的宽度和斜度。

7. 加重

加重一般用 120 号（黑色）马克笔来进行。在此推荐三福霹雳马的黑色枯笔，画出来的黑色带有磨砂的质感，透气而不沉闷。加重的主要作用是拉开画面层次，使形体更加清晰，光感更加强烈。通常加在阴影处、物体暗部、交界线暗部处、倒影处、特殊材质上（玻璃，镜面等光滑材质）。需要注意的是，加黑色的时候要慎重，有时候要很少量的加，否则会使画面色彩太重且无法修改。

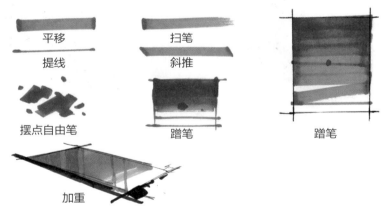

图 5.3.1　马克笔常用运笔技法

5.3.2　容易出现的问题

（1）起笔和收笔力度太大，出现了哑铃状的线形。

（2）运笔过程中笔头抖动出现了锯齿。

（3）有头无尾收笔草率。

（4）笔头没有均匀接触纸面。

运用马克笔时按照形体方式去运笔，注意运笔中的起和收，关注形体边界的表达都非常重要。在应用马克笔上色时，有时候不需要完全按照形体结构去画，适当岔开笔触会让画面更加灵活生动。如图5.3.2 所示。

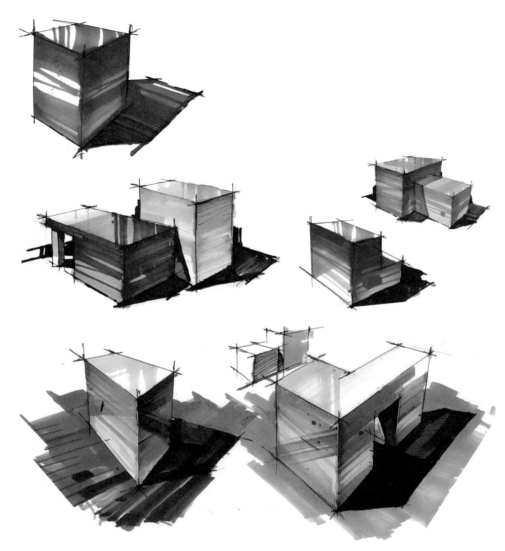

图 5.3.2　马克笔运笔方式组合

5.4　马克笔上色步骤

此案例中，马克笔的运笔方式主要有以下三种。

（1）连笔（叠笔）：主要运用在暗部，通过连笔的运用加重对暗部的表达。

（2）扫笔：主要运用在亮部的运用，扫笔时需要注意色度的控制。

（3）平笔：主要运用在物体的灰部，在运用时注意用笔的均匀以及起笔与收笔。

此案例的具体上色步骤如下。

（1）分析好画面的主次关系，确定画面的色调关系以及冷暖色调。如图 5.4.1 所示。

图 5.4.1　分析画面主次关系

（2）确定好画面的主次关系，用大的笔触将画面的色调关系表达出来。加强物体的体积关系，注意好画面的对比关系（有些暗部不需要加强）。如图 5.4.2 所示。

图 5.4.2　确定画面主次关系

（3）加强主次关系和与画面的虚实关系。如图 5.4.3 所示。

图 5.4.3　加强主次关系

（4）调整画面整体关系，加彩铅丰富画面，提高光白线，使画面更加协调统一。如图 5.4.4 所示。

图 5.4.4　调整画面整体关系

5.5　马克笔上色作品欣赏

图 5.5.1 为庭院式景观手绘作品，通过对亭廊构筑的表现来烘托整个空间氛围。画面整体干净，颜色明确，彩铅与马克笔的结合非常和谐，应用到位。很多初学者往往由于彩铅应用不当导致画面油腻，通过本图可以好好学习彩铅与马克的配合应用方法。

图 5.5.1　庭院式景观作品欣赏

图 5.5.2 为办公建筑手绘作品，画面整体色调比较沉稳，建筑一层玻璃材质采用了近实远虚的处理手法，凸现建筑空间。其次建筑上

半部分近明远暗强调了建筑结构，远处的玻璃画出了周围的环境色，使得整个画面沉稳而又不失活跃的氛围，并且加强了高光提升了玻璃刻画的真实性。

图 5.5.2　办公建筑作品欣赏

　　马克笔渲染最重要的是注重颜色的"稳、准、快"，图 5.5.3 的绘制者很好地将其体现了出来，画面色彩强调了中间部分，弱化了前与后，使得主次更加分明。本图画面的细节也主要体现在对材质的表达。水面的颜色通过对周边颜色的反射以及对天空、植物的呼应关系，显得较为丰富。总体上来说，此图是一幅非常好的手绘作品。

图 5.5.3　景观作品欣赏

图 5.5.4 强调的是景观空间的塑造，通过对坡地景观的深入刻画以及对建筑不同材质的对比来体现。绘图者对画面冷暖的细致处理丰富了空间的进深层次，墙面材质也刻画细腻，这需要有对画面扎实的认知意识。

图 5.5.4　坡地建筑作品欣赏

图 5.5.5 为田园别墅景观手绘作品，通过建筑的暖色与植物的冷色形成对比，而对植物刻画的过程中有些点缀局部的笔触，使得植物不显单调。建筑本身强调明暗与光影关系，使其更加立体，天空的绘制通过点、线、面的结合，使画面更加富有灵动性。

图 5.5.5　田园别墅作品欣赏

图 5.5.6 是一张景观建筑手绘作品，对建筑采用暖色，环境采用冷色的色彩搭配方式，使画面显得成熟又简洁。在建筑单体透视图的马克笔画法上，因其明暗面都是同一种材质，因此绘画时需要重点关注的是面与面之间的对比关系，对比强烈才能使建筑的体感表达出来。为突出空间的前后关系，需在地面处理上前景加重、远景留亮。

图 5.5.6　景观建筑作品欣赏

第 6 章　规划平面图表现

6.1　规划平面图基本要素表现

　　规划平面图上色比较简单，主要掌握大体的关系，不必太过在意对于细节的刻画。在平时练习的时候可以先练习单个的平面植物上色表达。在区分平面的植物上，可以把地面草皮画得亮一些，树木类的反之。水面部分画得平稳为上，不要做过多的变化。

　　公路路面的上色可以根据投影来刻画，有投影的地方重一点，其他地方由近及远，用灰色过度，最后根据需要适当画一些亮色的地面。如图 6.1.1 所示。

图 6.1.1　某规划平面手绘图

6.2　规划平面图墨线绘制

6.2.1　规划平面绘制基础知识

　　在绘制规划平面图时，需对基地内环境和基地外环境表达清晰（绿化、交通、地形、水文特征等对设计有影响的场地因素都必须表达清

大禹手绘系列丛书　规划手绘教程

楚），这样更具有说服力。

（1）指北针标在规划图的左下角或者右下角，采用最简练和熟练的画法。如图6.2.1所示。

（2）比例尺采用图面所对应的比例。

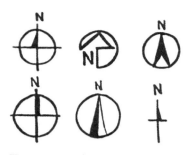

图 6.2.1　几种常见的指北针画法

（3）要用文字标注出各功能区的具体位置，如广场、停车场、用地红线、道路红线、后勤入口、主入口、自行车停车场、古树、保护遗址和河道等。

（4）注意建筑层数和阴影表现，利用投影的长短表示出建筑不同高度，根据不同的建筑形状刻画出具体的投影轮廓。如图6.2.2、图6.2.3所示。

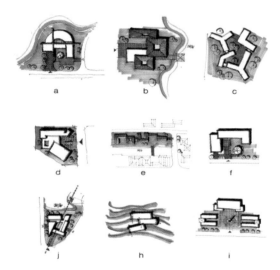

图 6.2.2　常见规划图示意

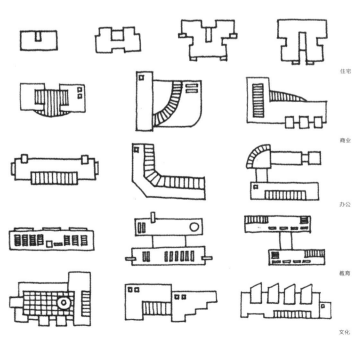

图 6.2.3　不同类型的建筑的常见轮廓

（5）交通系统的表现，包含主次出入口，车行、人行、车库入口，自行车停车场，汽车停车场，城市道路以及人行道。

（6）等高线是用来说明地形特征的，等高线一般要比建筑线弱，所以用虚线表示较好。

（7）建筑外轮廓线要加粗，女儿墙外线用加粗实线，内线用细实线。

（8）地面铺装要有细节。如图6.2.4所示。

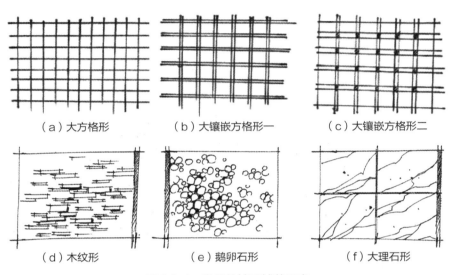

|（a）大方格形|（b）大镶嵌方格形一|（c）大镶嵌方格形二|
|（d）木纹形|（e）鹅卵石形|（f）大理石形|

图6.2.4　常见的地面铺装示意

（9）配景表现要注意比例尺度。植物两个一组、三个成团，孤植代表古树，水体注意边缘轮廓的刻画。如图6.2.5所示。

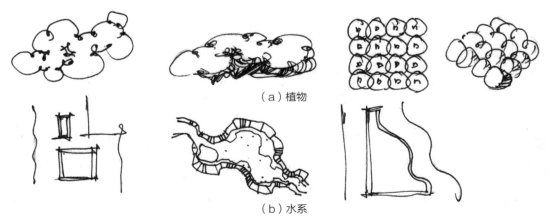

（a）植物

（b）水系

图6.2.5　常见配景表示方法

（10）主次出入口的图示符号常用黑色三角表示。

（11）注意地上停车场的大小、位置和回车场的设置，以及地下停车场的出入口位置的设置。

（1）首先用铅笔根据比例画出基地范围的参考线，如图6.2.6所示。

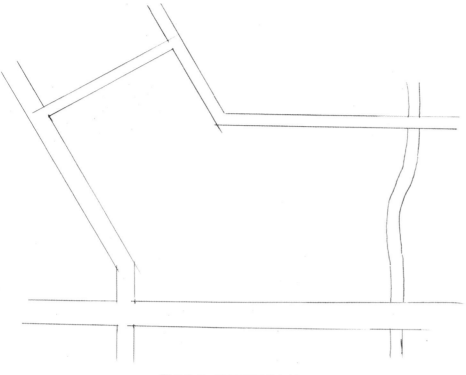

图 6.2.6　基地范围参考线

（2）进行道路布局，对建筑位置和场地形态进行总体定位，如图6.2.7所示。

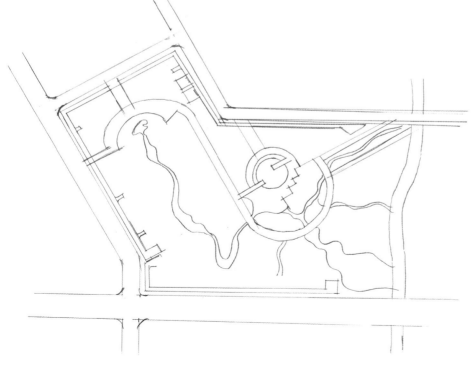

图 6.2.7　道路布局与场地定位

（3）全面深化，进一步刻画建筑、场地、道路和绿化景观等细节，如图6.2.8所示。

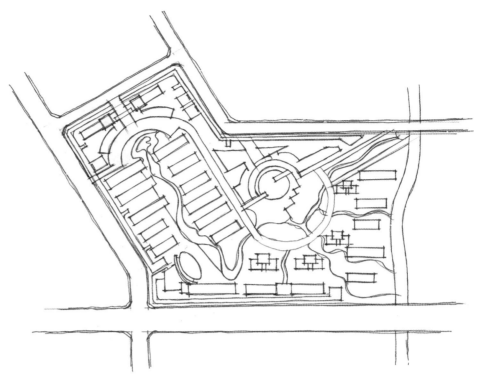

图 6.2.8　对建筑、场地、道路、绿化景观进行刻画

（4）突出重点，对建筑、核心公共空间和主要道路进行详细刻画，如图6.2.9所示。

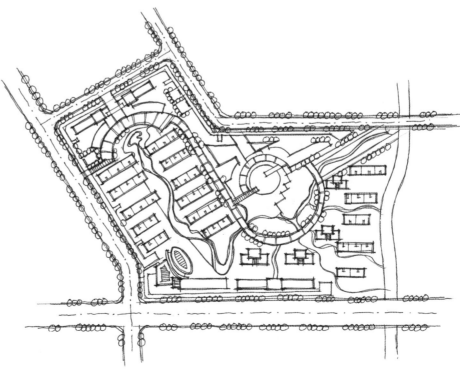

图 6.2.9　详细刻画

（5）通过墨线笔进一步深入刻画建筑和绿化景观等，适当细化核心区域，对黑白灰进行修饰协调，加阴影效果，使画面显得更加生动，如图 6.2.10 所示。

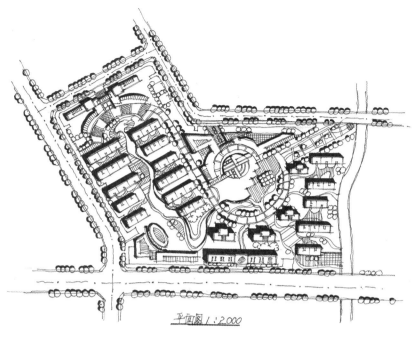

平面图 1:2 000

图 6.2.10　最终调整

6.3　规划平面墨线图赏析

图 6.3.1 空间结构清晰，布局合理紧凑，平面分为五个组团，并于小区中心设置了一个供居民生活的休闲区域。将此主导开放空间与水井完美结合，丰富了视觉享受。本规划缺点是小区出口过多，沿河

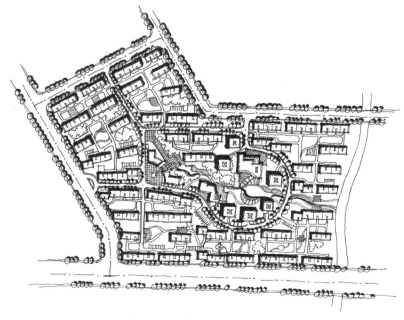

图 6.3.1　规划平面墨线图 1

应留出公共绿化带，景观设计可进一步改善。

本规划在考虑地方特色的同时融入了现代设计元素，布局及功能基本合理。景观设计丰富，轴线分明，可达性较好。规划突出了商贸与旅游服务的特点，但在与传统元素结合方面稍显不足。此规划设计是基于总体规划要求，结合旅游产业优势和镇区居民增长的物质文化需求，设置了一系列商旅服务、休闲娱乐设施。街区设计旨在以现代元素诠释传统精髓，如图6.3.2所示。

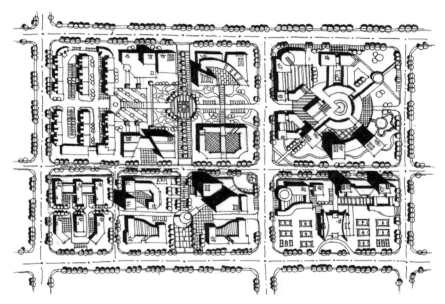

图 6.3.2　规划平面墨线图 2

本规划结构完整，整体布局合理。交通组织采用人车分流方式，步行系统结合小区会所、幼儿园等公建设施和核心广场所展开，层次清晰，重点突出，摆脱了小区惯用的园林式设计，简洁流畅又不失变化，颇具新意。不足之处在于点式高层建筑尺度偏小，幼儿园设置在中心绿地上会带来使用上的不便。如图6.3.3所示。

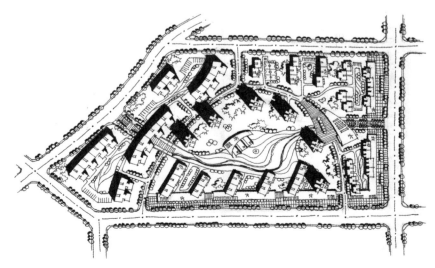

图 6.3.3　规划平面墨线图 3

大禹手绘系列丛书　规划手绘教程

图6.3.4的图面干净整洁、表达清晰，可看出绘图者绘制技巧纯熟，其中建筑投影不仅提升了整个空间的高度感，更突出画面的黑白灰关系。用景观来带动整个地块的质量，中心景观节点突出、交通流畅，与周围的建筑相互渗透、相互影响，并形成鲜明对比。

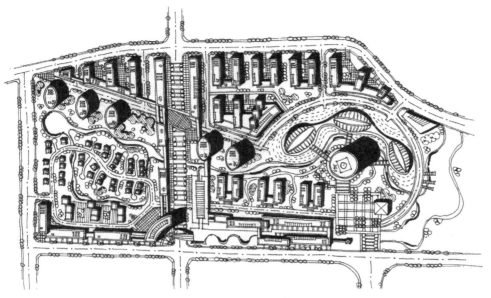

图 6.3.4　规划平面墨线图 4

本规划方案结构清晰，利用大片绿化和道路将基地分为三个部分，功能分区明确。建筑均采用院落式布局，富有书院气息。不足之处在于建筑形式较为单一，建筑尺度还有待推敲，环境处理略显平淡，绿化布局较松散，体育馆布置得离宿舍区太远。 如图 6.3.5 所示。

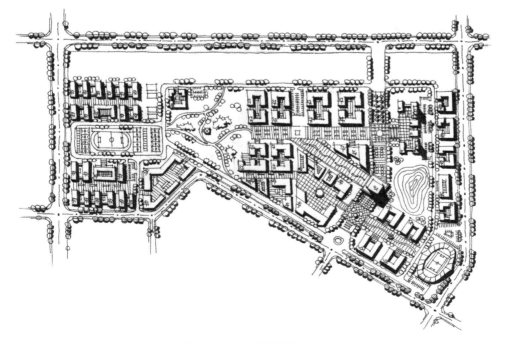

图 6.3.5　规划平面墨线图 5

该图图面整洁，线条流畅轻松，内容表达清晰且重点突出。明确的黑白灰关系提升了空间层次感，突出了形体，使空间更富设计感。如图 6.3.6 所示。

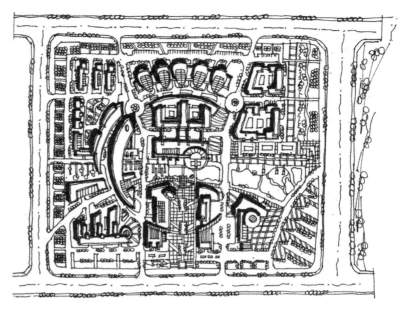

图 6.3.6　规划平面墨线图 6

　　本规划结构明确，道路组织清晰，并充分利用现有自然景观，创造良好环境。此外，设计充分考虑了步行空间，将各个活动点用步行系统有机地联系了起来，加强了购物、娱乐、休息区之间的联系。注重步行空间的设计。青少年活动中心、图书馆、博物馆三者位置关系合理，其室外空间与水系结合，形成了环境优美的广场景观。其不足之处在于公建的形体和体量关系还需优化，轴线使用过多，环境设计中应增加绿地的比重。如图 6.3.7 所示。

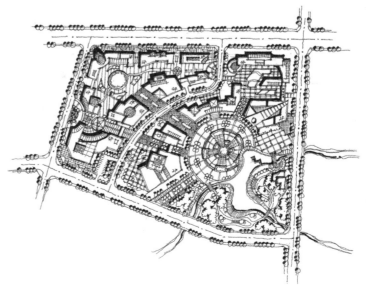

图 6.3.7　规划平面墨线图 7

图 6.3.8 为一个比较好的规划方案，不同的功能用地被分为了南、北、中三片布局。以一个外环路使街区内人车得以分流，较好地解决了地面停车问题，并形成中部高品质的步行、休闲、绿化空间，沿道路布置绿化带隔离噪音，并考虑了沿街景观界面的设计。街区内建筑组群清晰，朝向良好，有利于分期建造。此规划还考虑了路两侧的建筑群体关系，以及校园与街区中心绿地之间的步行交通联系。

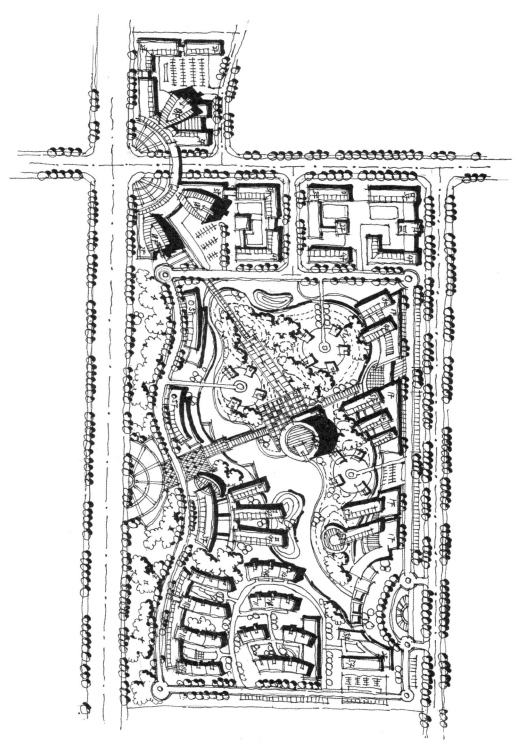

图 6.3.8　规划平面墨线图 8

此规划方案结构清晰，布局合理紧凑。步行系统结合城市水系布置，将绿化引入整个小区，构成了丰富的小区中心景观，且局部环境设计细致。不足之处在于沿河应留出公共绿化带，景观设计可进一步优化。如图 6.3.9 所示。

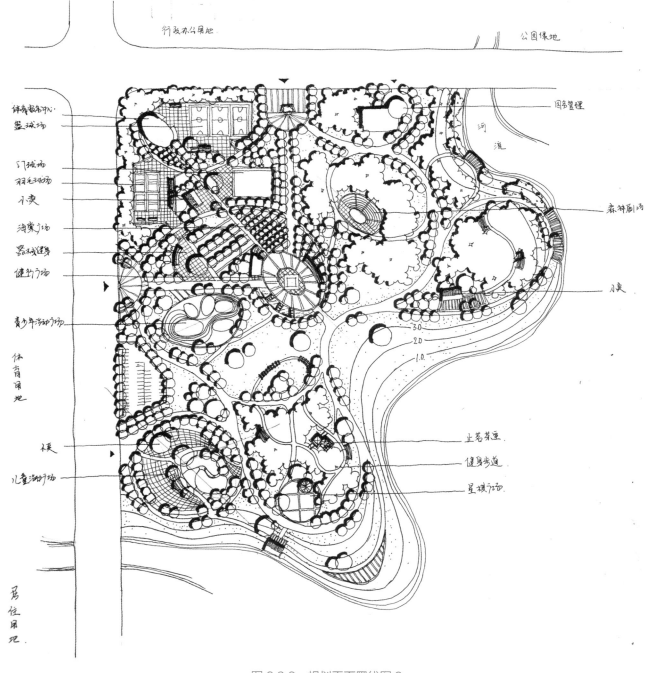

图 6.3.9 规划平面墨线图 9

6.4 规划平面图上色步骤

（1）首先选一支亮色马克笔，给草地及阴影区域上色，上色时适当做一些变化，使画面更生动，如图 6.4.1 所示。

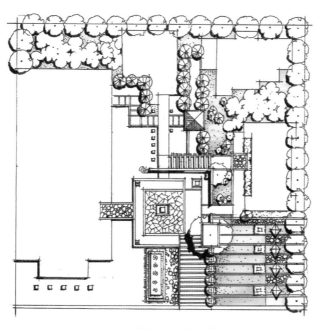

图 6.4.1 草地及阴影区域上色

（2）水面部分用淡蓝色马克笔上色，注意色彩的选择需相对丰富一些。刻画水体时还需注意要有笔触的变化，可以适当的留白。建筑部分整体留白，如图 6.4.2 所示。

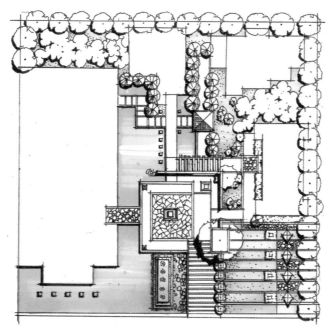

图 6.4.2 水面上色

（3）选择同色系重绿色马克笔给行道树及灌木丛上色，植物暗部做一些简单的变化即可，观赏类植物上色时需要颜色有一定的变化，如图 6.4.3 所示。

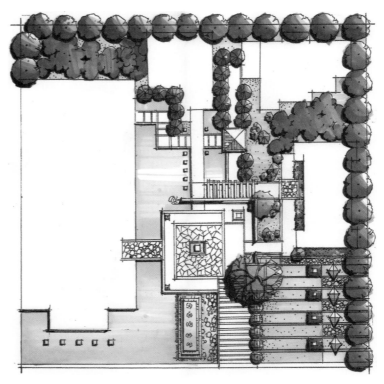

图 6.4.3　行道树及灌木丛上色

（4）通过不同的色彩和笔触，进一步刻画绿地、铺地、树木细节，绘制建筑与树木阴影，重点突出公共空间的景观环境，如图 6.4.4 所示。

图 6.4.4　细节刻画与整体调整

6.5　规划平面色稿图赏析

　　此规划平面图整体结构明确，交通系统健全，功能区布置合理，景观元素统一，图面色彩干净整洁，可以看出绘图者具有扎实的规划设计功底与良好的细节表达能力，如图 6.5.1 所示。

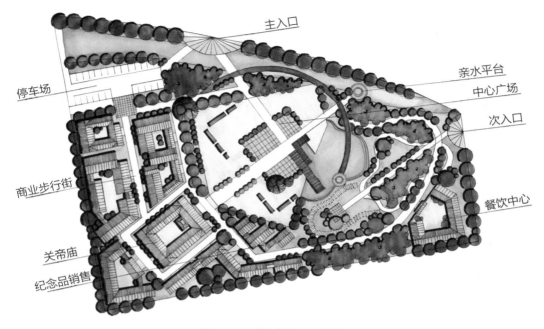

图 6.5.1　规划平面色稿图 1

　　此规划平面图中心广场刻画深入并与次要节点拉开了层次与疏密关系，整体对比强烈。图面设计元素统一，使整幅图看起来较为完整充实。如图 6.5.2 所示。

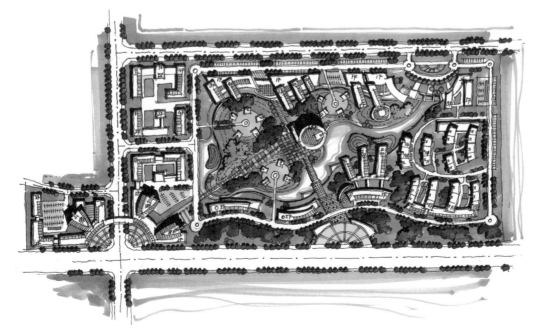

图 6.5.2　规划平面色稿图 2

图 6.5.3 为绿色系，大面积的草地、行道树及灌木丛色彩统一，相互之间的变化相得益彰。规划平面图主入口及路面铺装突出，让画面不显呆板。中心的人行轴线把各个节点进行了串联，使得各节点之间统一协调。

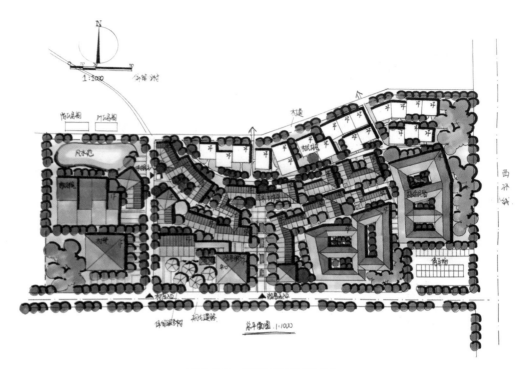

图 6.5.3　规划平面色稿图 3

图 6.5.4 同为绿色系，建筑组团分布在大面积草地中，让建筑与景观充分结合，更显亲近自然。草地笔法干净，色彩统一清新，增加了景观的丰富性。

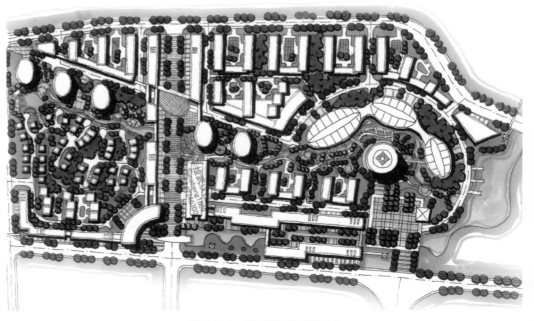

图 6.5.4　规划平面色稿图 4

图 6.5.5 刻画深入，将各建筑的形态特征、色彩和明暗关系充分呈现了出来，重点突出了步行街及中心区域的景观特色，不足之处在于绘图者需更好地把握画面中景观与建筑的松紧节奏。

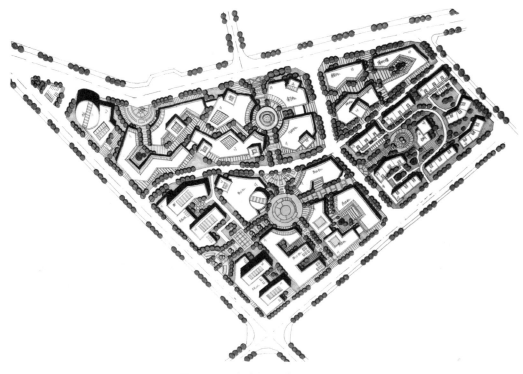

图 6.5.5　规划平面色稿图 5

该规划基地面积较小，绘图者对场地进行了比较细致的设计与刻画，着重突出了组团环境的空间组织特色和风格，使用马克笔平涂方式上色，着色方法谨慎细腻，画面内容丰富，可读性较强。如图 6.5.6 所示。

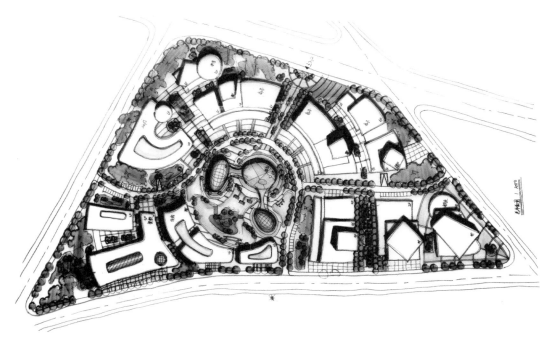

图 6.5.6　规划平面色稿图 6

图 6.5.7 整体性强，核心内容突出，主要节点刻画丰富，轴线较为明确清晰，表现手法细腻，色彩表达成熟，值得大家借鉴与临摹。

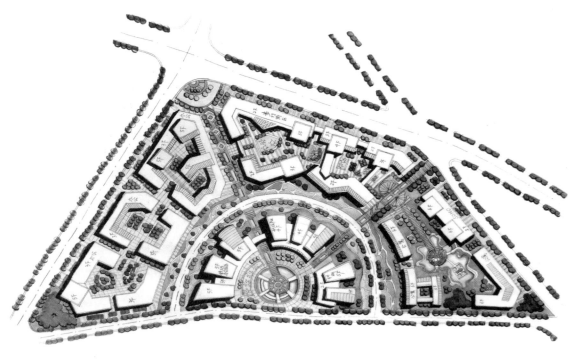

图 6.5.7　规划平面色稿图 7

图 6.5.8 光影关系表现强烈，地面、植物与建筑层次分明，道路表达清晰，主要节点与次要节点区分明确。

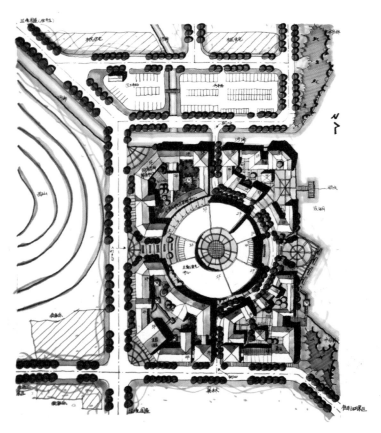

图 6.5.8　规划平面色稿图 8

图 6.5.9 为暖绿色系，草地用色大胆，笔触自然流畅，绘图技法非常娴熟。整张图画面轴线感极强，对中心广场刻画深入。绘图者对节点进行了有效串联，使画面统一和谐。

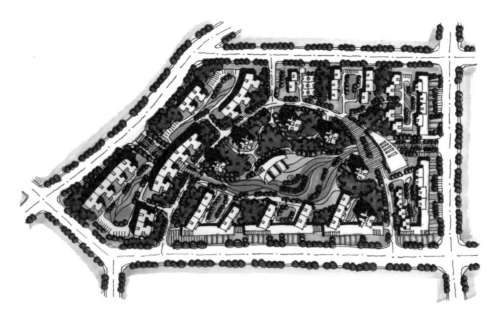

图 6.5.9　规划平面色稿图 9

　　图 6.5.10 中地面铺装刻画较多，中心广场用组团树进行强化，相互之间色调统一和谐，草地、树团与行道树之间色彩区分明确，主要突出了建筑组团，使整张规划图富有节奏感和韵律感。

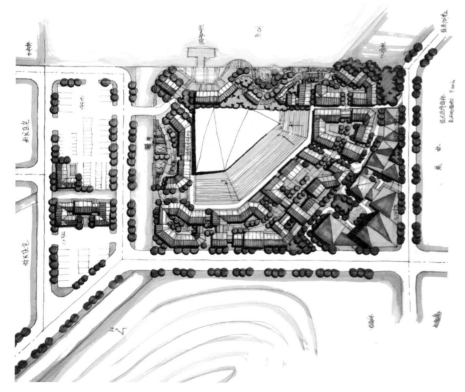

图 6.5.10　规划平面色稿图 10

图 6.5.11 中心广场刻画深入，广场与次要节点拉开了层次使画面层次更加分明。疏密关系对比较强，构思元素统一，整幅图给人感觉完整充实。

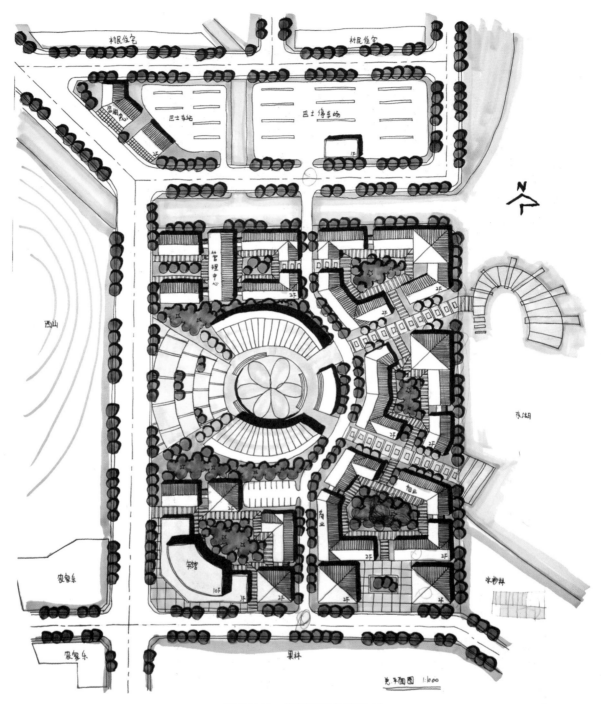

图 6.5.11　规划平面色稿图 11

此绘图者采用规则式设计手法，使用方形元素将场地分割出不同大小、形状的地块，使区域功能划分明确，道路畅通，景观轴线明确，空间的围合性较强。可以看出绘图者具有一定的表现细节能力，重点部位刻画细致，并充分利用了多种元素对画面进行点缀装饰，是一幅较好的规划平面图，值得大家临摹学习。如图 6.5.12 所示。

图 6.5.12　规划平面色稿图 12

　　图 6.5.13 的平面流线形式感较强，空间区分较为明确，自然景观的连续性较好。图面色调统一和谐，植物与铺装道路关系明确，图面干净整洁、色调清新。

图 6.5.13　规划平面色稿图 13

该方案设计构思明确，深入考虑了周边基地环境，并采用自然式设计手法，设计了形态明确且优美的道路。在绘图上，细腻刻画了中心节点区域丰富的景观和草地，以及对复杂地形的处理。如图 6.5.14 所示。

图 6.5.14　规划平面色稿图 14

图 6.5.15 的平面采用了古典园林造园的手法。先抑后扬的空间布局，曲折蜿蜒的道路交通，移步一景的景观造景，体现了生态人文有内涵的景观规划设计原理。图片表达完整细腻，值得借鉴。

图 6.5.15　规划平面色稿图 15

第 7 章　规划基础鸟瞰图表现

7.1　鸟瞰图绘制基本要素表现

　　鸟瞰图可以直观地呈现建筑群体的三维空间效果和空间特色，是设计成果图中最具表现力的图种。鸟瞰图具体指从高于视平线的位置观察地段时绘制的空间透视表现图，包括两种类型：第一种是按照实际的透视效果绘制的，无比例误差，接近真实的场景，表现力充分，但绘制难度较大；第二种是通过轴测图的方式绘制，用此种方法可以使空间表现准确，易于把握。徒手绘制鸟瞰图要求设计者具备一定的立体几何常识、透视知识和快速徒手表现技能。如图 7.1.1 所示。

图 7.1.1　手绘鸟瞰图

7.2 鸟瞰图墨线绘制

鸟瞰图墨线绘制步骤如下。

（1）铅笔打底，根据比例绘制出底稿，如图 7.2.1 所示。

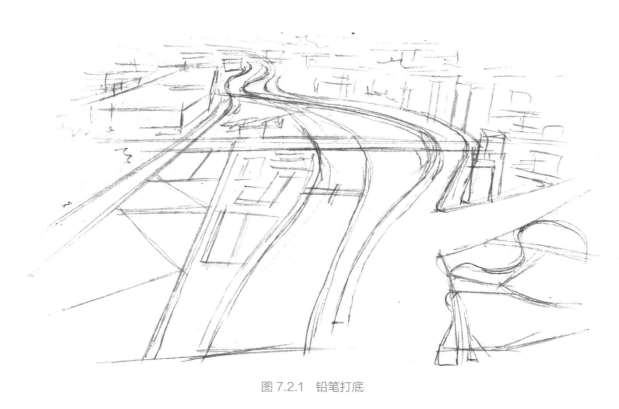

图 7.2.1　铅笔打底

（2）进行道路布局，对建筑位置和场地形态进行总体定位，如图 7.2.2 所示。

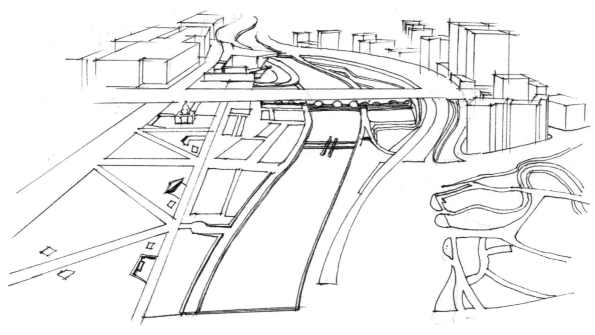

图 7.2.2　道路布局与总体定位

大禹手绘系列丛书　规划手绘教程

（3）全面深化，进一步刻画建筑、场地、道路和绿化景观的细节，
如图7.2.3所示。

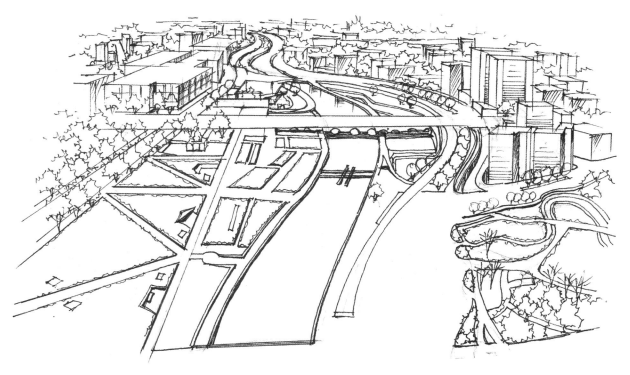

图 7.2.3　全面深化

（4）突出重点，对核心公共空间和主要道路进行详细刻画，如
图 7.2.4 所示。

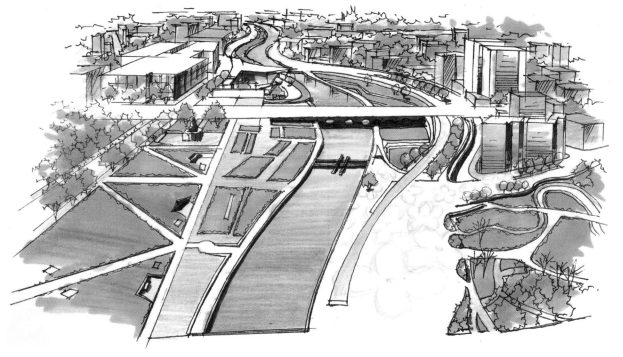

图 7.2.4　详细刻画

（5）通过墨线笔进一步深入刻画建筑和绿化景观等，适当细化核心区域，对黑白灰关系进行修饰协调，加阴影效果，使画面更加生动，如图 7.2.5 所示。

图 7.2.5　深入刻画

7.3　鸟瞰墨线图赏析

7.3.1　建筑鸟瞰图

图 7.3.1 是一张单体建筑画，黑白灰对比关系强烈，体现出了强烈的光影关系。对植物的刻画以概括为主。

图 7.3.1　建筑鸟瞰图 1

图 7.3.2 主要刻画的位置是建筑主体的木头材质及长条玻璃体。木材质是建筑画中最常见的材质之一，木材质刻画的好坏也直接影响整张画面的效果，这张图抓住建筑形体深入刻画，加重投影以及玻璃体的近实远虚纵深关系，使整张图的空间感得以增强。

图 7.3.2　建筑鸟瞰图 2

图 7.3.3 为黄鹤楼正视图，建筑单体塑造坚实且光感极强，上轻下重使建筑更具有稳定感，中间部分的植物刻画细腻，植物相互之间

图 7.3.3　建筑鸟瞰图 3

大禹手绘系列丛书　规划手绘教程

的关系很明确，边缘的植物相对弱化，使植物整体具有茂盛、郁郁葱葱的感觉，富有层次感。

图 7.3.4 是玻璃体建筑，对玻璃体的刻画有三种：一是直接留白，二是将玻璃当墙体去画，三是将玻璃画通透。这张图我们用了后面的两种刻画技法，巧妙地应用了加重建筑下部来起到衬托作用的刻画玻璃技法，使画面的黑白灰对比更有层次，建筑亮部大面积留白与周边环境加重产生了强烈的黑白灰对比。

图 7.3.4　建筑鸟瞰图 4

图 7.3.5 是一张典型的三点透视鸟瞰图。建筑给人强烈的冲击感。如何让一张建筑图有很强的视觉冲击力，需要把握两点，第一是建筑的

图 7.3.5　建筑鸟瞰图 5

大禹手绘系列丛书　规划手绘教程

构图，第二是色调黑白灰关系。这个建筑的构图冲击力感强，视觉效果很好。地面植物以及投影所产生的重度对建筑本身起到稳定的作用。

图 7.3.6 为三点透视鸟瞰图。图片处理效果分三段式刻画，对屋顶的刻画应相对较重，这样可与中间部分的玻璃体产生对比，衬托出玻璃结构的亮光，下半部分为对周边建筑群的刻画。对上半部分屋顶刻画不宜过重，过重会让画面显得头重脚轻。整体来讲突出中心建筑，弱化周边建筑及地面绿化，可达到最佳效果。

图 7.3.7 是一张高层建筑鸟瞰图，构图难度偏大。针对高层本身的塑造，绘图者把重点放在了建筑的投影和材质的刻画上，还重点刻画了建筑强烈的明暗对比和建筑由而上的过渡关系。

图 7.3.6　建筑鸟瞰图 6

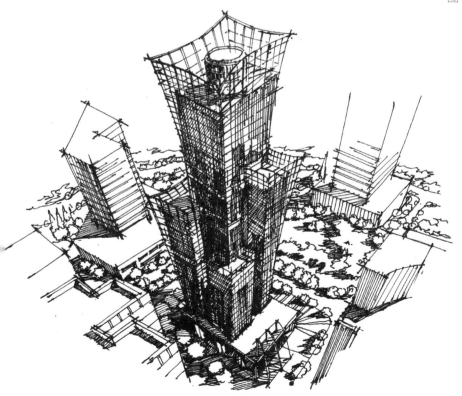

图 7.3.7　建筑鸟瞰图 7

7.3.2 规划鸟瞰图

图 7.3.8 是一张商住混合区域的鸟瞰图，利用商业区建筑的自由组合与居住区建筑的组合形成对比，用建筑投影的长度变化来凸显建筑形体的光影关系，使整张画面显得灵活生动。

图 7.3.8　规划鸟瞰图 1

图 7.3.9 是城市中心区重点地段的鸟瞰图，以圆柱体建筑为中心，周围建筑向心而建，形体自由奔放，中心的聚合与周围的景观形成对

图 7.3.9　规划鸟瞰图 2

比，主次分明，重点突出。该图视点选择较好，整体层次感好。徒手线条流畅洒脱，细节刻画到位，表达充分效果生动。

图 7.3.10 视点选择较好，建筑形态特征表达充分，对商业和住宅区域进行了合理的区分，相互之间统一和谐，不仅强化了整个空间的设计感，同时还使空间前后关系表达得当。

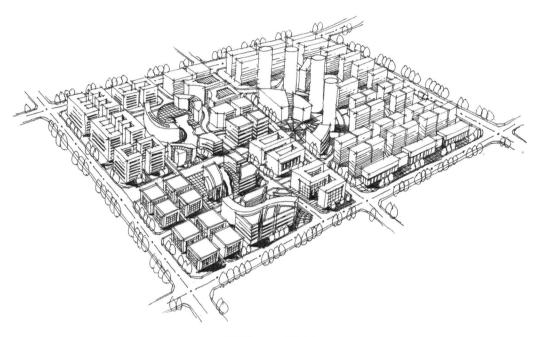

图 7.3.10　规划鸟瞰图 3

鸟瞰图可以直观地呈现建筑群体的三维空间效果和特色，是设计成果中最具表现力的图种，可更好地体现方案。图 7.3.11 画面干净整洁，徒手线条流畅洒脱，表达充分。

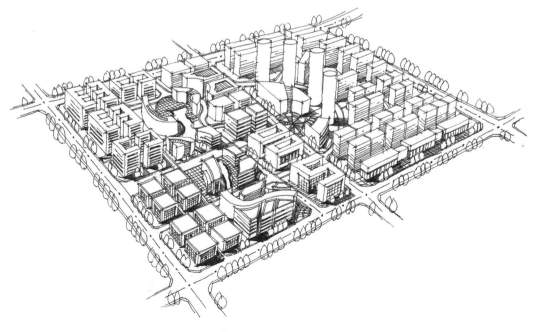

图 7.3.11　规划鸟瞰图 4

鸟瞰图可以直观地呈现建筑群体的三维空间效果和特色，是设计成果中最具表现力的图种，可更好地体现方案。图 7.3.12 画面干净整洁，徒手线条流畅洒脱，表达充分。

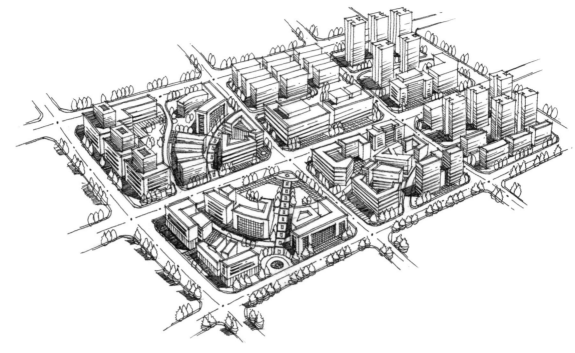

图 7.3.12　规划鸟瞰图 5

图 7.3.13 视阔选择较大，表达清晰，建筑尺度适宜，空间节奏紧凑有序，建筑形态简洁大气，从整体上提升了空间的层次感，突出了形体空间的设计感。

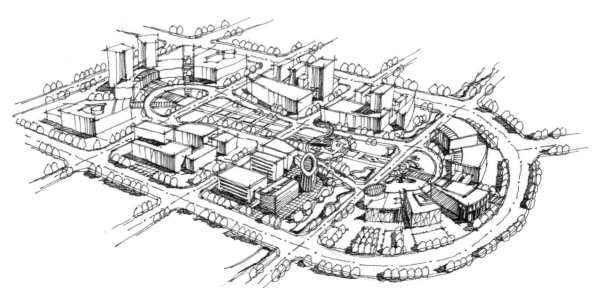

图 7.3.13　规划鸟瞰图 6

图 7.3.14 整体空间前紧后松，建筑形体刻画细致到位，图面线条轻松洒脱。建筑黑白灰关系明确，地面铺装与水体留白形成对比，周边植物灵活多变。

图 7.3.14　规划鸟瞰图 7

7.3.3　城市鸟瞰图

图 7.3.15 为西安电视塔实景照片写生图，整张图刻画精致细腻，突出建筑主体。整体画面干净整洁，建筑与配景植物形成对比，对植物层层后退的刻画，也增强了图面的空间层次感。

图 7.3.15　城市鸟瞰图 1

图 7.3.16 的重点是对复杂材质的刻画，要注意区分材质的明暗变化，重点关注以下两点：①整体关系是下重上轻，下虚上实；②上面的玻璃材质要多留白、弱化处理。绘图者主要利用了背景环境的衬托，将建筑进行大面积的留白处理，而对环境则加入了大量的线条进行刻画，使图面产生了强烈对比，视觉效果明显。注意对环境的刻画要点到为止，其次，鸟瞰图还可以加大投影，用投影来衬托建筑比用环境衬托的方式更有效。

图 7.3.16　城市鸟瞰图 2

图 7.3.17 在线稿的透视上表现比较平缓，主要表现了建筑立面的透视效果与黑白灰关系，强化中间的部位使建筑达到中间重两边轻，下重上轻的对比效果。材质主要以玻璃、墙体为主，在处理整张画面时需要注意材质之间的主次关系，以及与周边植物的衔接关系。

图 7.3.17　城市鸟瞰图 3

图 7.3.18 是一张多层建筑鸟瞰表现图。绘图者重点刻画了建筑的光影关系，放弱了周边的环境，使建筑有更强的立体感和空间感。对屋顶大面积玻璃窗的刻画，将材质的特点表现得淋漓尽致，丰富了画面的内容。

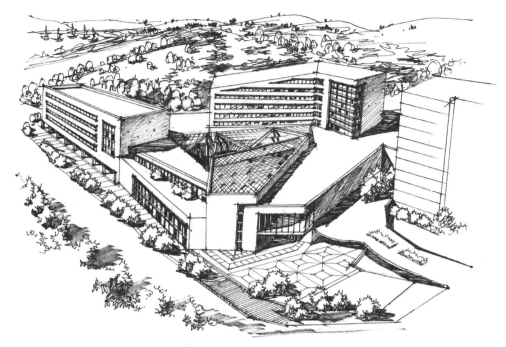

图 7.3.18　城市鸟瞰图 4

从整张图来看建筑显得简洁而又明朗，着眼于对悉尼歌剧院建筑本身来进行刻画。由于其本身是一个壳体结构，所以壳体曝光度高，也就是说壳体担任了整体建筑单体亮的部分，而壳体以下相当于整体比较重的部分。整张图很巧妙地将壳体以下的部分处理较重，壳体本身采用了大面积留白，使建筑上下有了很强烈的对比关系，凸显建筑厚重感，也使壳体更显轻盈，如图 7.3.19 所示。

图 7.3.19　城市鸟瞰图 5

图 7.3.20 的刻画最重要的是要把握好整体关系，在画的时候要有明确的指导思路，不要只关注细节。如上实下虚和建筑接地以后中间实、四周虚，这其实就是本图指导思路。我们按照这个思路画下去就能把握好图面的整体关系，至于细节如何，是和细部刻画的能力有关，在整体关系上不出问题才是关键。

图 7.3.20　城市鸟瞰图 6

图 7.3.21 为重庆洪崖洞古建筑鸟瞰图，对这种图的刻画一般注意四点就可以：①对建筑主体的刻画要精细；②对靠近建筑周围环境的刻画要重，远离建筑环境的刻画要弱；③整体关系前实后虚，前重后轻；④注重投影的刻画。

对紫禁城的刻画重点是突出轴线，突出"三朝五门"的空间布局关系。刻画此组建筑前应该对其特点有较好的理解，尤其是建筑屋顶的特点。对建筑屋顶的重点刻画，首先应该了解每个建筑屋顶的构成关系，屋顶和开间的关系。此图还需重点突出轴线关系，在这里轴线

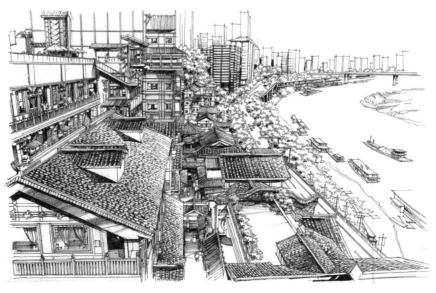

图 7.3.21　城市鸟瞰图 7

关系对整体起到了决定性的作用。周围氛围的烘托以轴线为主色调向
四周减弱，如图 7.3.22 所示。

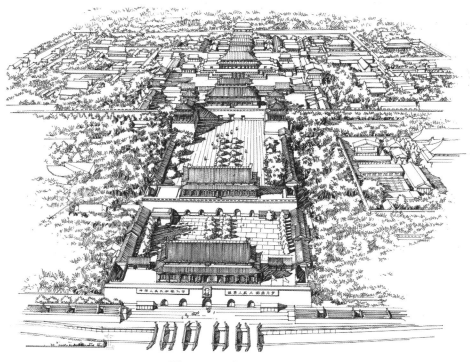

图 7.3.22　城市鸟瞰图 8

7.4　鸟瞰图上色步骤

鸟瞰图上色步骤如下。

（1）根据规划区域建筑造型和场地因素，完成规划区域鸟瞰图
墨线稿。线稿绘制过程中，注意场地体量关系和空间结构层次，清晰
明了即可，规划设计手绘表达的重点是突出建筑位置、交通路网和功
能分区，其配景当弱化。如图 7.4.1 所示。

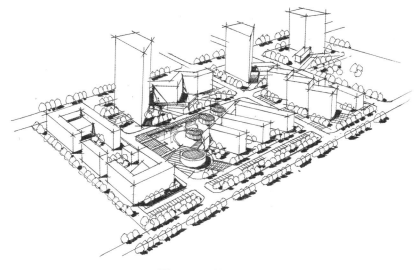

图 7.4.1　线稿绘制

（2）从绿化植物区域开始上色，以浅色为主，注意留白，注意笔触由深到浅，整个草地，前部分到后部分也是如此。如图7.4.2所示。

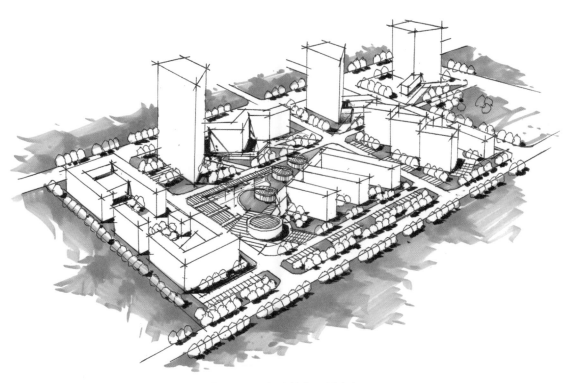

图7.4.2　绿化植物区域上色

（3）给场地中行道树及树群上色，注意统一色调，植物部分近明远暗，近暖远寒。如图7.4.3所示。

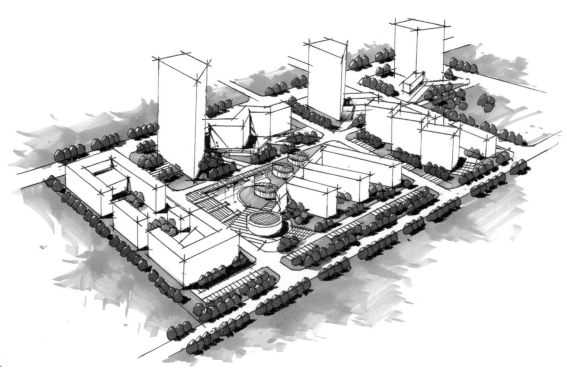

图7.4.3　行道树及树群上色

（4）加强整体空间的明暗对比度，调整空间关系。给地面平铺浅色且突出节点铺装，水体上色适当加入一些冷色调和，然后调整整体的色彩关系。如图 7.4.4 所示。

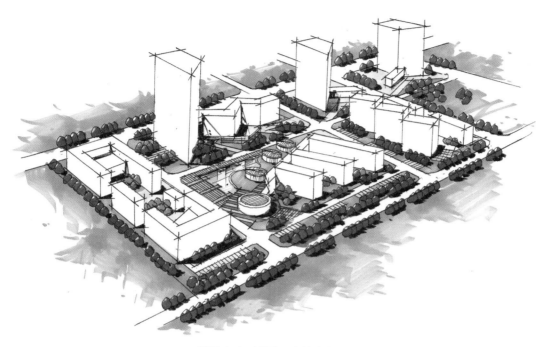

图 7.4.4　地面及水体上色

（5）加强整体空间的明暗对比度，调整近实远虚的关系，然后调整配景植物的色彩关系，可以用灰色或蓝色对较艳的绿色进行调和作为环境光，但不需太多，最后再加上一些点、线的笔触，起到点睛效果。如图 7.4.5 所示。

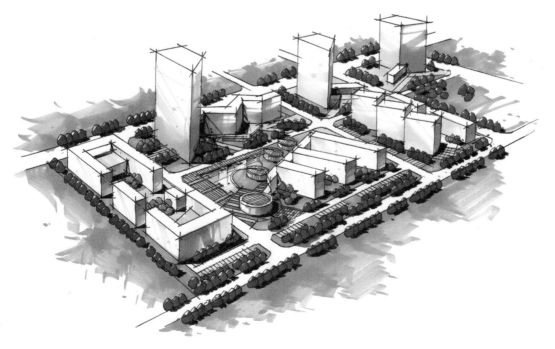

图 7.4.5　整体调整

7.5 鸟瞰色稿图赏析

规划设计手绘表达的重点是突出表达建筑位置、交通路网和功能分区，其配景当弱化。从绿化植物区域开始上色，以浅色为主，注意留白。刻画主体建筑规划部分，第一遍固有色画完之后，加强建筑群的明暗对比，注意近实远虚。最后加强整体空间的明暗对比度，调整近实远虚的关系。然后调整配景植物的色彩关系，可以用灰色或蓝色等色彩对较艳的绿色进行调和。

7.5.1 规划鸟瞰图

图7.5.1是一张黄色系常规用色规划图。笔触大胆肯定，建筑刻画到位，绘图者对出入口与人行轴线也进行了强化，突出了画面的轴线感，对周围植物的刻画笔触放松，技法娴熟。

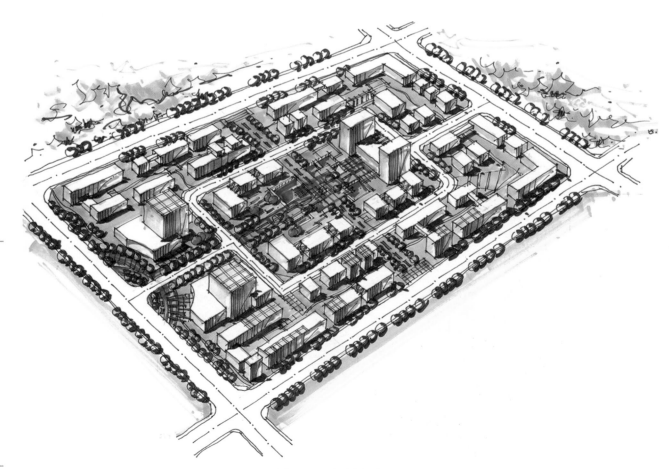

图 7.5.1　规划鸟瞰图 1

图 7.5.2 色彩干净、清新、整洁，建筑亮部为暖色暗部为冷色，冷暖对比强烈，同时也突出了建筑的形体关系，冷暖色的巨大反差，使画面视觉冲击力强烈。建筑形体简洁明确，绘图者笔法挥洒自如，准确到位。

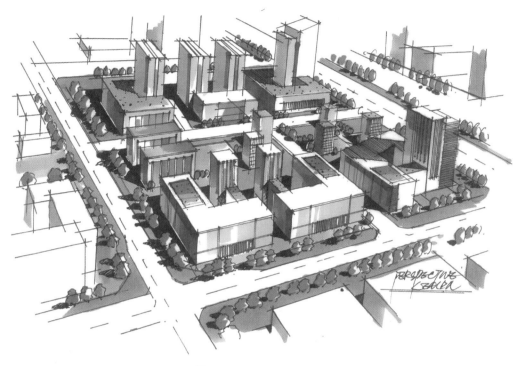

图 7.5.2　规划鸟瞰图 2

　　图 7.5.3 为冷灰色系的两点透视图，整张图强调的黑白对比与其色调协调统一。该图对前景的刻画相对细致，虚实得当，可看出绘图者笔法娴熟。

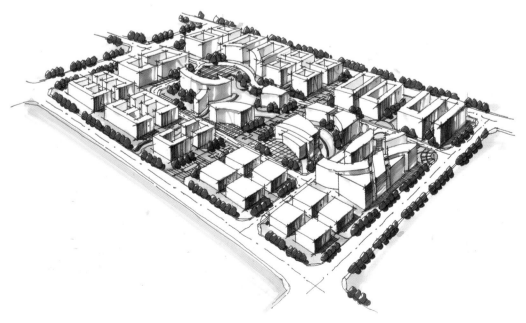

图 7.5.3　规划鸟瞰图 3

7.5.2　城市鸟瞰图

图 7.5.4 中重点刻画了主体建筑，其色彩丰富，主体建筑周围加以适当的色彩点缀，与主色调形成对比，可看出绘图者色彩应用纯熟，笔法轻松灵活，色调和谐统一，使画面给人以新鲜感。在对建筑主体的刻画中，绘图者用色彩的明度、纯度、冷暖来将其塑造，把主体建筑的体积、空间、气氛及建筑设计的亮点和独特之处表现了出来。

图 7.5.4　城市鸟瞰图 1

大禹手绘系列丛书　规划手绘教程

图 7.5.5 为一张暖色调鸟瞰图，建筑形体较多，亮部以暖黄为主。体现整体的光影效果，笔触简洁肯定，建筑形体对比强烈。强化了物体之间的空间关系，层次与立体感，强调主体设计与亮点。

图 7.5.5　城市鸟瞰图 2

鸟瞰图不仅包括视点在有限远处的中心投影透视图，还包括平行投影产生的轴测图以及多视点鸟瞰图，采用不同的鸟瞰图绘制方法，能够展开更多的设计内容。图 7.5.6 色彩丰富，前面的暖色铺装和远处灰色相互映衬，表现出在阳光下色彩的微妙变化，突出了建筑形体，

图 7.5.6　城市鸟瞰图 3

加强空间前实后虚的层次感。

　　图 7.5.7 是一张城市鸟瞰图，拥挤的建筑与前面景观绿化形成空间上的对比，增加画面的质感。黑色马克笔的应用突出了建筑形体，强化了建筑的光影关系。远处建筑的刻画相对简单，以平铺色彩为主，弱化其形体结构，凸显了前面的玻璃体建筑，增加了整体空间效果。

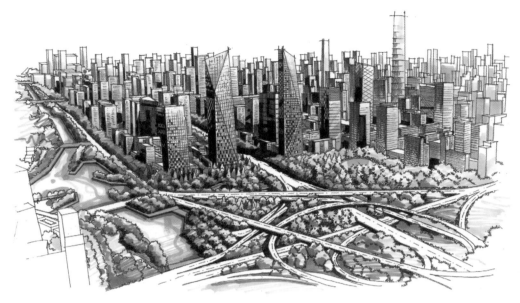

图 7.5.7　城市鸟瞰图 4

　　图 7.5.8 为一张城市鸟瞰图，色彩清新，干净明亮，色调协调统一。近处的建筑刻画细致，富有变化。远处整体相对弱化，刻画比较简单，凸显了整个空间的前后关系。水体用笔流畅，随意洒脱，体现出水体的流动性。建筑的亮部笔触灵活，与光影关系相统一，烘托出整个画面的光感效果。

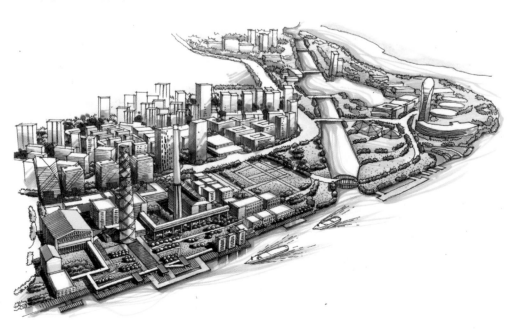

图 7.5.8　城市鸟瞰图 5

图 7.5.9 是一张城市鸟瞰图，整个地块分前、中、后三个区。前面的建筑体量相对比较大，而远处的相对弱化。整幅画面色彩鲜艳亮丽，近处刻画细腻，远处相对简单，色调灰暗，以建筑近大远小来处理了整个画面的前后空间关系。

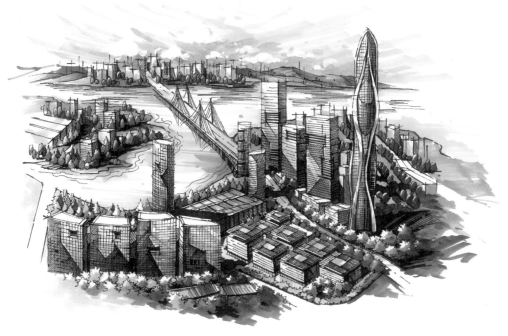

图 7.5.9　城市鸟瞰图 6

图 7.5.10 整体画面为暖色调，突出主体建筑，弱化周边建筑。绘图者在建筑主体上大胆应用冷暖色调的对比，建筑与配景植物的对比，

图 7.5.10　城市鸟瞰图 7

前实后虚前重后轻的对比，使图面更具视觉冲击力。应加强植物的层层后退，这样层次感会更强。地面同样可应用冷暖对比，使个画面更加谐调统一。

　　图 7.5.11 是一张以暖色调为主的城市鸟瞰图，色彩艳丽丰富，给人一种温暖的感觉。马克笔笔触轻快明朗，干净利落。由于是一张大场景的图，前后空间关系必须很明确。马克笔上色将这种前后空间关系，近实远虚关系刻画得淋漓尽致。尤其是整张图紫色和黄色互补色的应用，以及对互补色比例的把握，使整张图和谐又有朝气，大大提高了整张图的视觉冲击力。

图 7.5.11　城市鸟瞰图 8

　　图 7.5.12 是一张城市鸟瞰图，整体场景较大，要把画面中心建筑突出有一定的难度。绘图者通过强烈的冷暖对比控制画面的主次、空间关系、冷暖关系，使得建筑光感极强。前面低矮建筑与远处高层建筑的对比，注意了虚实变化，使得空间效果更为突出。

图 7.5.12　城市鸟瞰图 9

　　图 7.5.13 为电视塔鸟瞰图。画面色彩丰富，建筑的冷色和草地及地面的暖色相互映衬，相互之间色调统一和谐。画面各部分色调的加强与减弱，突出了空间的前后虚实关系。

图 7.5.13　城市鸟瞰图 10

第8章 规划快题作品欣赏

　　城市规划从一般意义上讲，是从城市整体利益和公共利益出发，为了实现社会、经济、环境的综合长远目标，提出适应城市未来空间发展的途径、步骤和行动纲领，并通过对城市土地使用及其变化过程的控制，来调整和解决城市空间问题的社会活动过程。它具有策略制

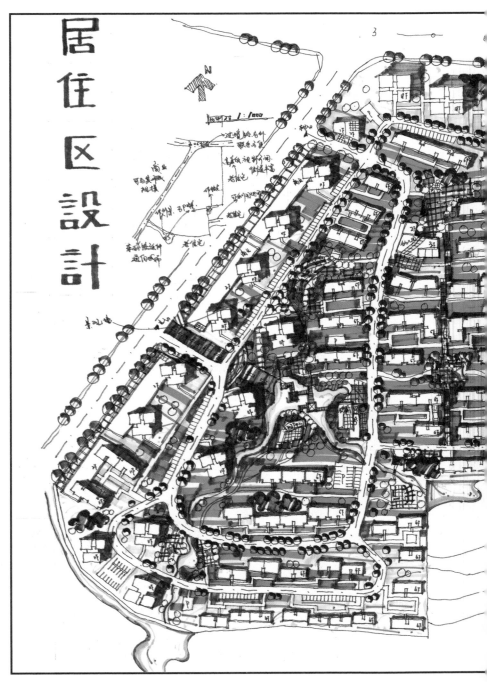

图 8.1.1　居住区规划图 1

定、规划设计、政府行为和社会活动等基本属性和特征。前两者属于规划行动纲领的研究与编制，后两者属于规划实施与管理。

8.1 居住区规划

图 8.1.1 方案功能分区明确合理，在基地中部设计大面积的绿化用地为住宅提供了良好的室外景观。会所的选址居于基地中部，方便内部人员使用。道路分级明确，出入口的设置充分考虑了与城市

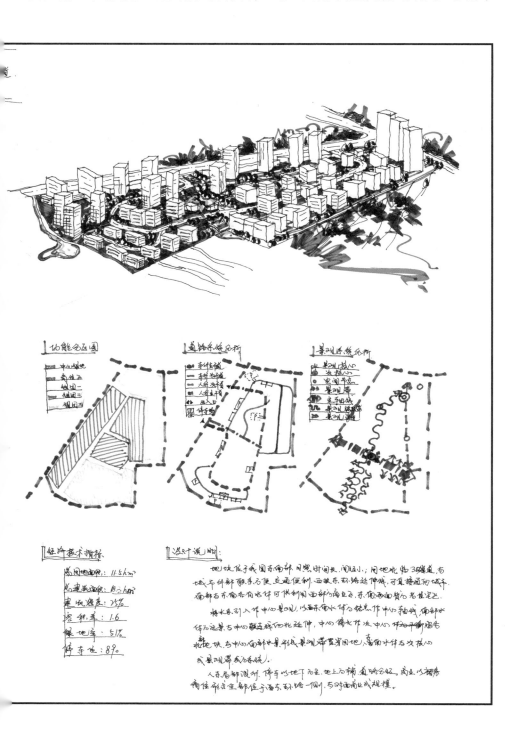

道路的衔接。交通流线明确，特别是人行休闲步道与水面、绿化结合较好，但不够流畅。规划采用了南景观轴线与东西景观道组合的方式，突出了中心广场。高度由中心核心区域向两侧递减，设计合理，空间宜人。

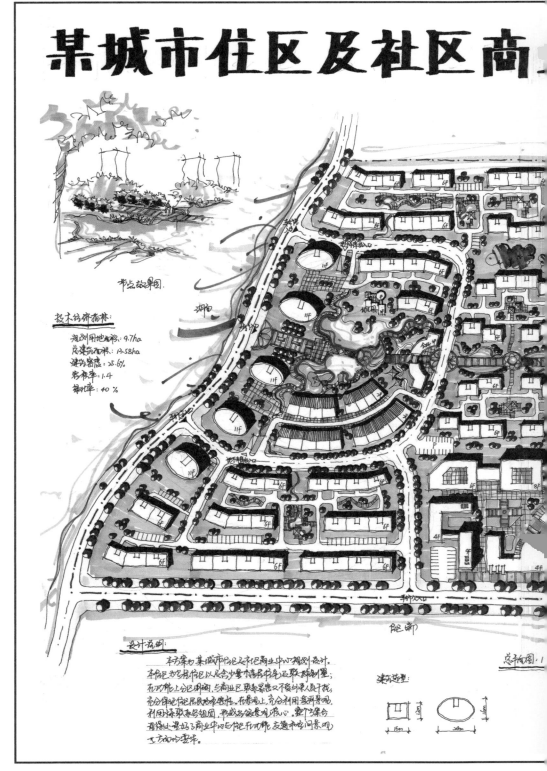

图 8.1.2　居住区规划图 2

图 8.1.2 方案在结合西侧环境的情况下，将环境引入到地块核心区域形成较好的视觉通廊，但是在别墅区的处理上略显粗糙。主要道路分化出各个组团，次要道路用于满足各组团内的交通需求。居住组团各自有着各自的组团中心。景观轴线贯通东西，但与其他区域缺乏联系。

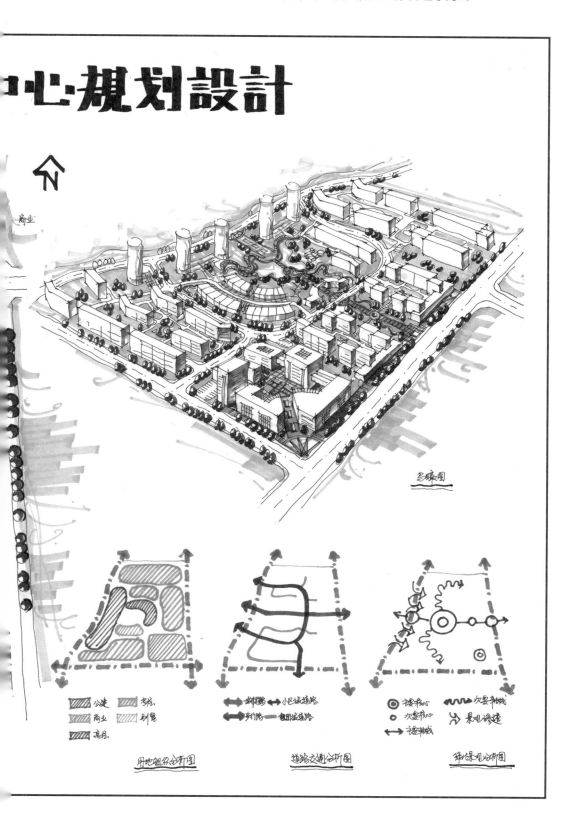

图 8.1.3 方案功能分区合理，沿街的商业布置氛围灵活。基地核心区大面积的景观绿化用地为住宅提供了良好的室外景观。道路交通组织流畅，等级分明，车行与人行流线明确。出入口的设置充分考虑

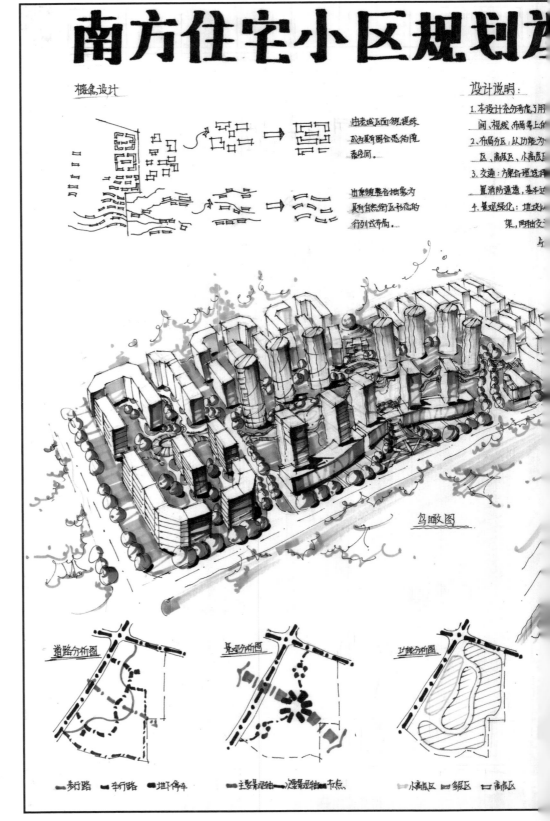

图 8.1.3　居住区规划图 3

了与城市道路的衔接，核心区域的人行道路设计合理。停车设置有待推敲，消防道路需结合日常使用综合考虑。景观组织好，特别是人行休闲步道与核心景观水面绿化的结合充满趣味性。

总平面图1:1000

图 8.1.4 方案功能分区较为合理，沿海港布置休闲商业区，较好地处理了沿街住宅与商业的关系。车行系统合理，道路线型优美，出

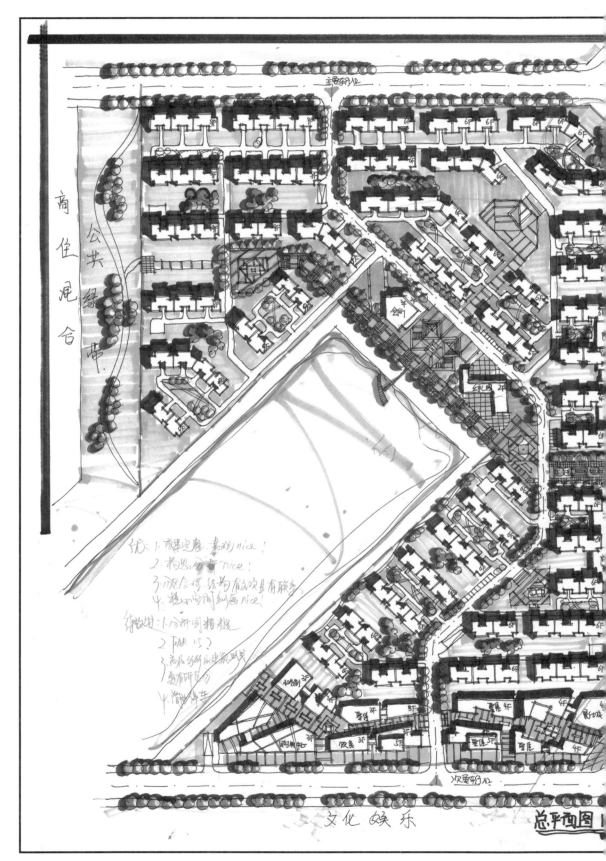

图 8.1.4 居住区规划图 4

入口的设置充分考虑了与城市道路的衔接，停车场和地下停车出入口配置均衡。空间结构清晰，布局合理。

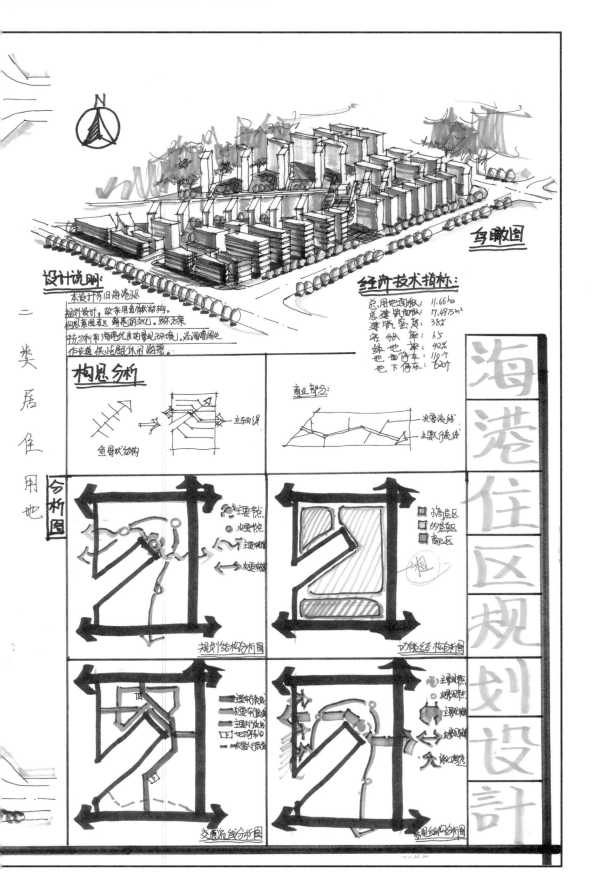

8.2 校园规划

图 8.2.1 方案功能分区和规划结构均较为合理，方案考虑了周边

图 8.2.1 校园规划图 1

与基地的关系，各个功能组团间的联系较为恰当。道路系统可以满足校园使用，但道路分级不明确，基地道路与城市道路衔接不畅。结构清晰，校园景观轴较好地体现了校园形象和特色。

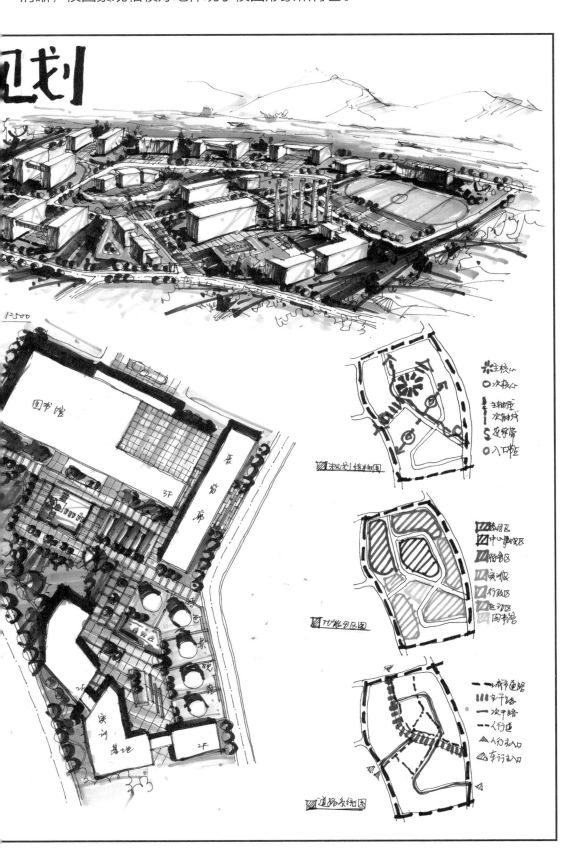

图 8.2.2 功能分区合理，建筑符合园区模块设计。交通较为流畅，但需注意地面停车场的布置和表达。图面构图饱满均衡，分析图较能体现设计意图。

图 8.2.2　校园规划图 2

图 8.2.3 方案功能分区和规划结构均较为合理，方案考虑了周边对基地的影响。充分利用了山地和嘉陵江设置了主要景观轴和景观渗透廊道，形成较好的视觉通廊。道路系统较好地组织各个组团。总体结构清

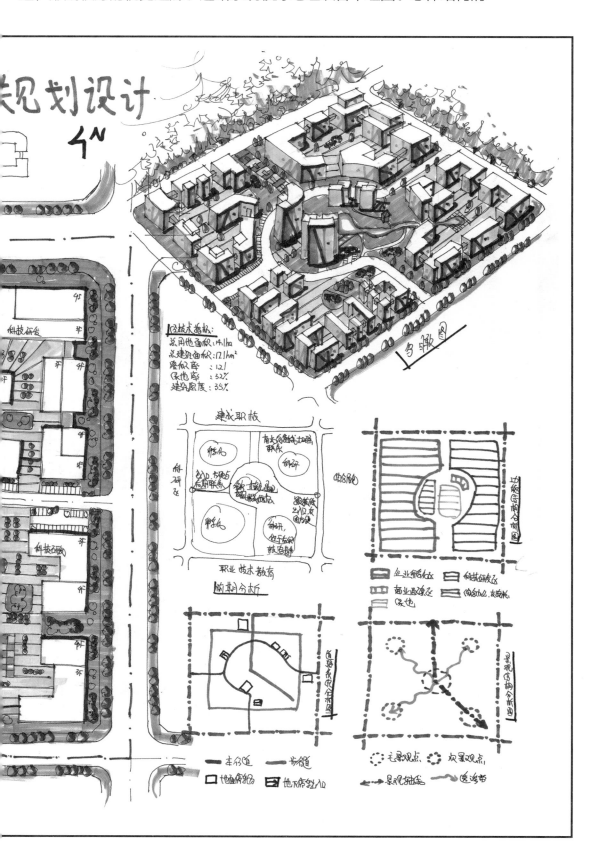

大禹手绘系列丛书　规划手绘教程

晰，在基地中设置一条环绕核心区的水系，提升了校园的景观环境。

　　图 8.2.4 方案着重考虑了周边环境与用地条件。方案功能分区合理，较好地考虑了园区其他功能与地块功能的联系。建筑形体组合丰

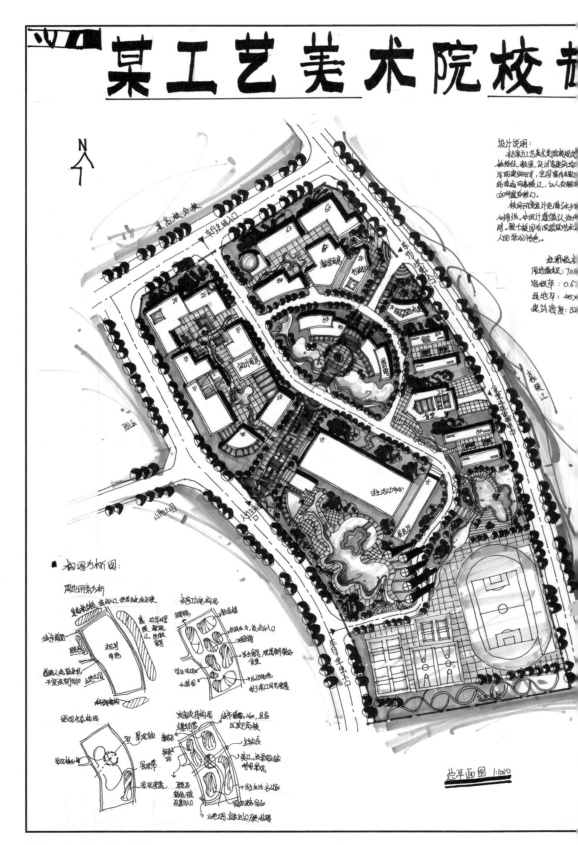

图 8.2.3　校园规划图 3

富，符合模块化组合的要求。地块内设置了环形交通道路、人行景观
道与车行道，三者相互协调，但地面停车场与地下停车入口设置不太
恰当，需注意道路的转弯道设计。地块的空间轴线明确，开放空间组

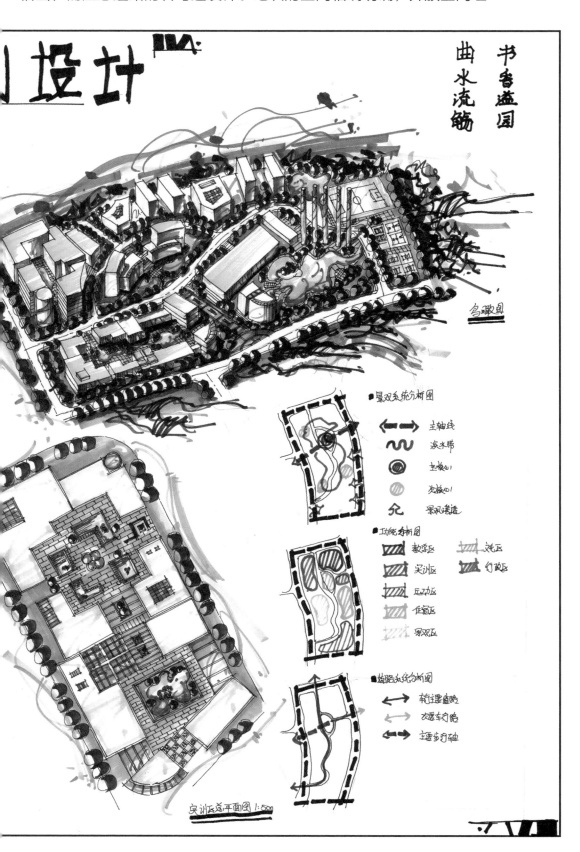

书香益园
曲水流觞

鸟瞰图

■景观系统分析图
↔ 主轴线
∿ 滨水带
◎ 主景心
◉ 发绿心
允 景观建造

■功能分析图
▨ 教学区   ▨ 活动区
▨ 实训区   ▨ 行政区
▨ 运动区
▨ 住宿区
▨ 景观区

■道路系统分析图
↔ 主要道路
↔ 次要车行路
↔ 主要步行轴

实训区总平面图 1:500

织有一定的规律性和趣味性。由西入口到核心区的主要轴线体现了园区整体形象。

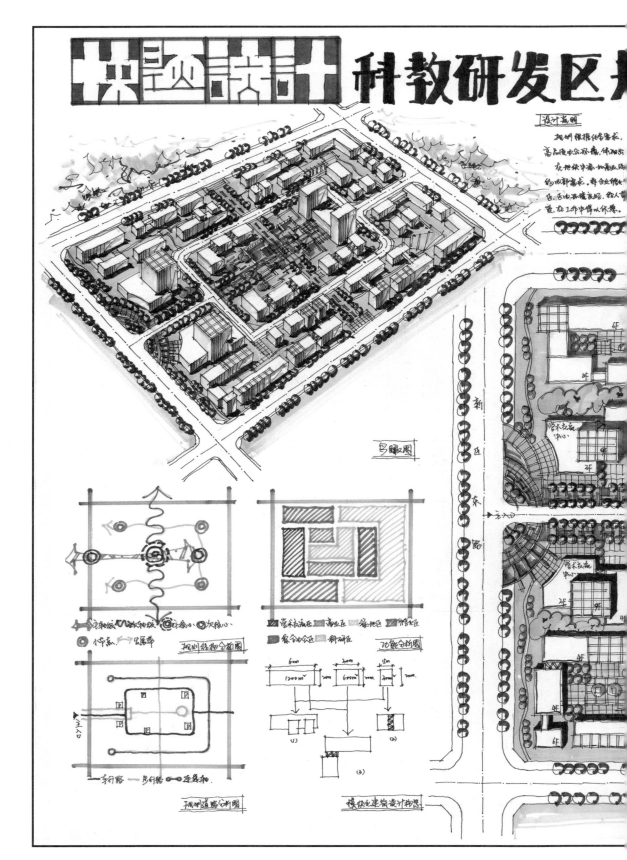

图 8.2.4　校园规划图 4

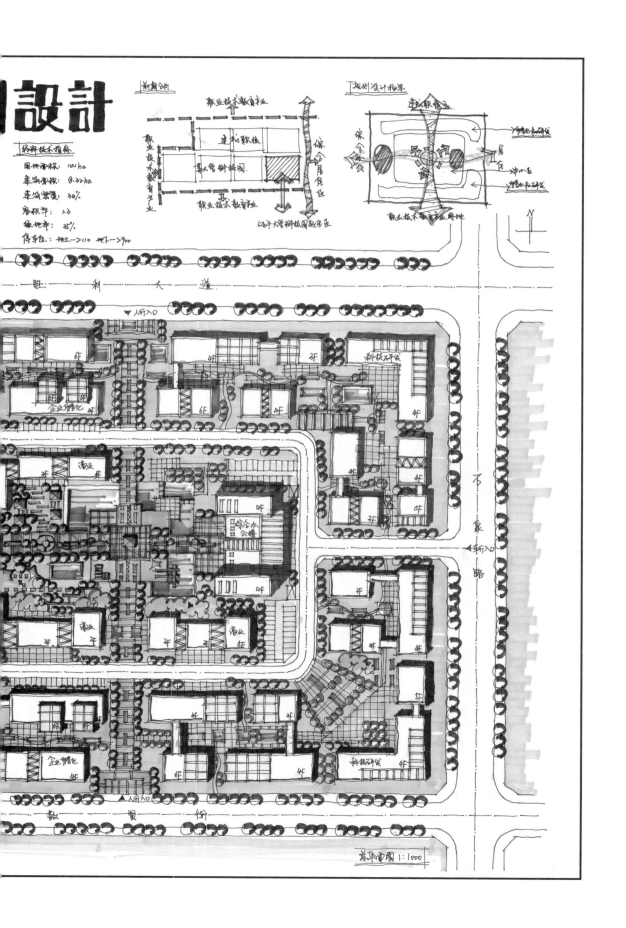

設計

经济技术指标
用地面积：11.1 ha
建筑密度：33.32 ha
车流密度：30%
容积率：1.8
绿地率：35%
停车位：地上→110 地下→900

前期分析

规划设计构思

职业技术教育产业

职业技术教育产业

职业技术教育产业

综合居住区

以科大营科技园起步区

职业技术教育产业用地

总平面图 1:1000

8.3　城市公共空间规划

图 8.3.1 方案功能分区明确合理，各功能分区与核心文化广场结合较好，各功能的设置也充分考虑了与周边功能的结合。车型流线明

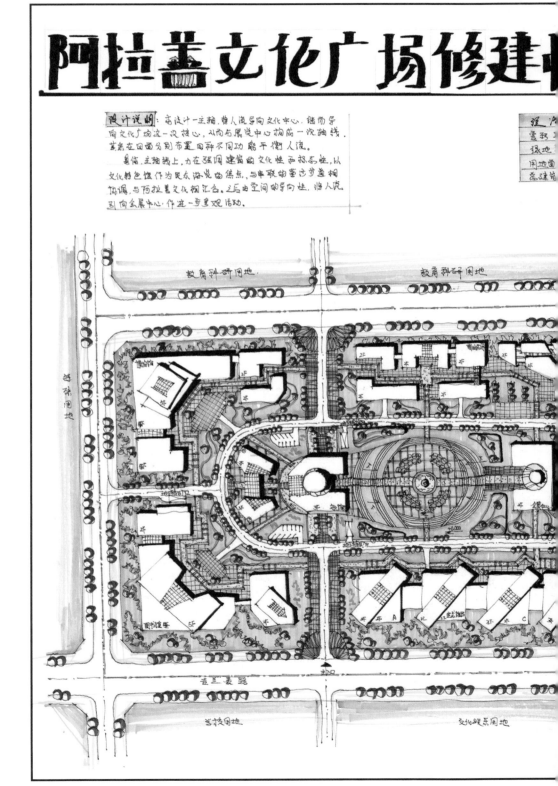

图 8.3.1　城市公共空间规划图 1

确，车行与各功能区组织合理，出入口的设置充分考虑了与城市道路的衔接，较好地处理了车行交通与人行交通，但地面停车位不够。景观结构清晰，核心文化广场较好地体现了城市风貌，设计的沙道体现了地方特色文化。

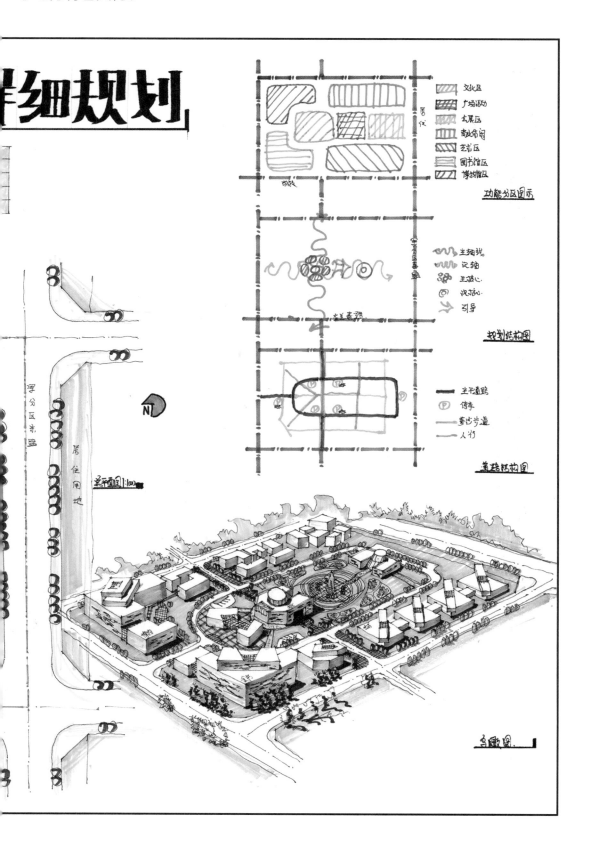

图 8.3.2 方案功能分区满足任务书的规划要求，结合"遗爱池"
与市委大院的文化特征和景观资源，在本区中设置了文化展示中心、
博物馆等文化类建筑。文化景观成为本区域的新标志。不足之处在

图 8.3.2 城市公共空间规划图 2

于道路规划不够畅达，多为丁字路和错位交叉口，易造成交通不便。
地下停车出入口位置选择欠佳，图面表达不够出彩，建议画全局鸟
瞰图。

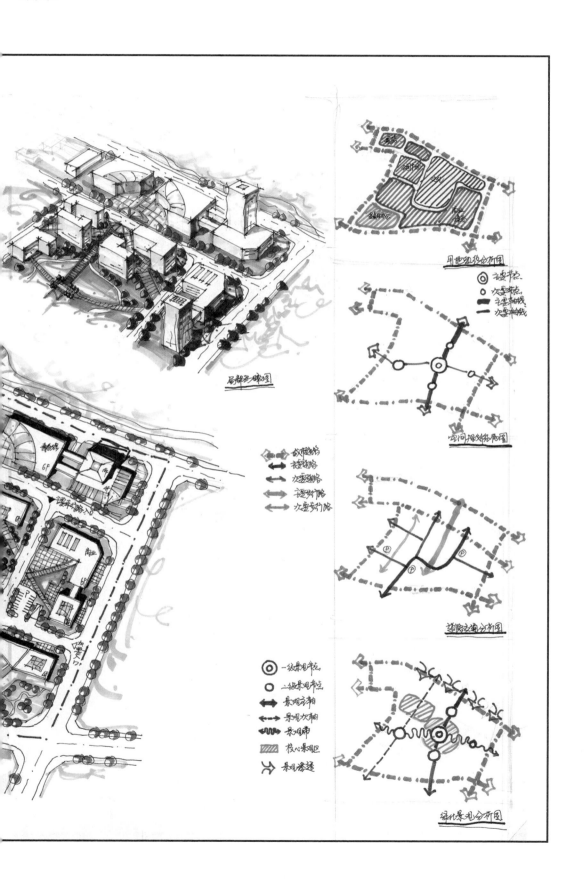

图 8.3.3 方案分区较合理，基本满足规划要求。规划设计突出基地的城市入口地段的性质，道路交通组织方便通行，但会对城市环路造成干扰，停车位置设计不当。空间结构由一条主要轴线串联核心景

图 8.3.3　城市公共空间规划图 3

大禹手绘系列丛书　规划手绘教程

观与基地各功能区块，景观形象较好。总平面图不可缺少相关标注，如周边用地性质和建筑物的名称等。

图 8.3.4 方案地块功能分区合理，较好地考虑了基地外部环境，

经济技术指标：

总用地面积：15.3 hm²

总建筑面积：15.3 hm²

建筑密度：41%

容积率：￥1.00

绿地率：40%

停车位：7 600个

总平面图 1:1000

且景观空间设计较好，地形的处理得当，交通道路组织顺应地形。总体上空间结构清晰，层次分明，图面表达较好。

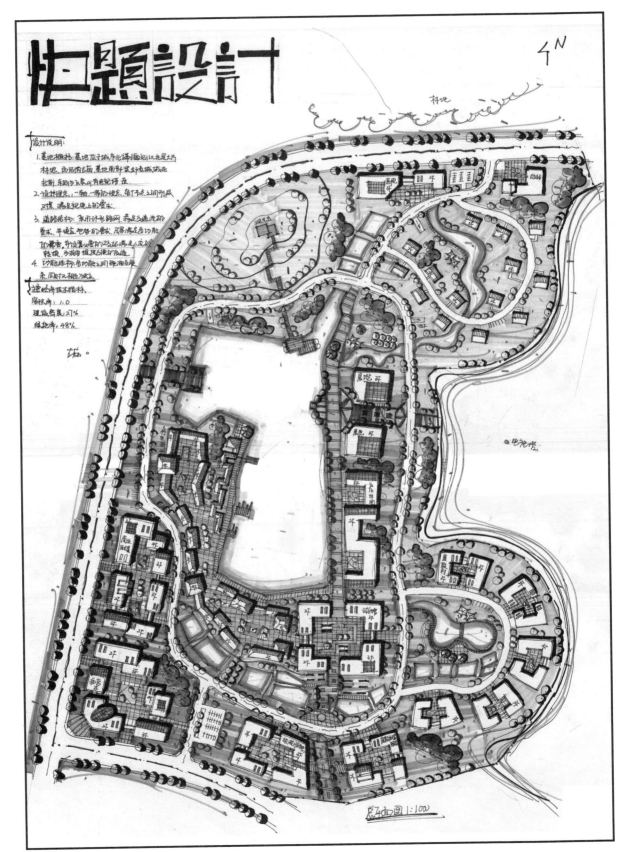

图 8.3.4　城市公共空间规划图 4

8.4 旅游服务区规划

　　图 8.4.1 前期策划方案较多地考虑了片区的旅游业发展，对基地
周边的旅游人群和旅游发展状况作了较为详细的分析，制定了基地的
旅游开发策略，方案着重考虑了周边交通的优劣势和基地与古城旅游
点之间的关系。

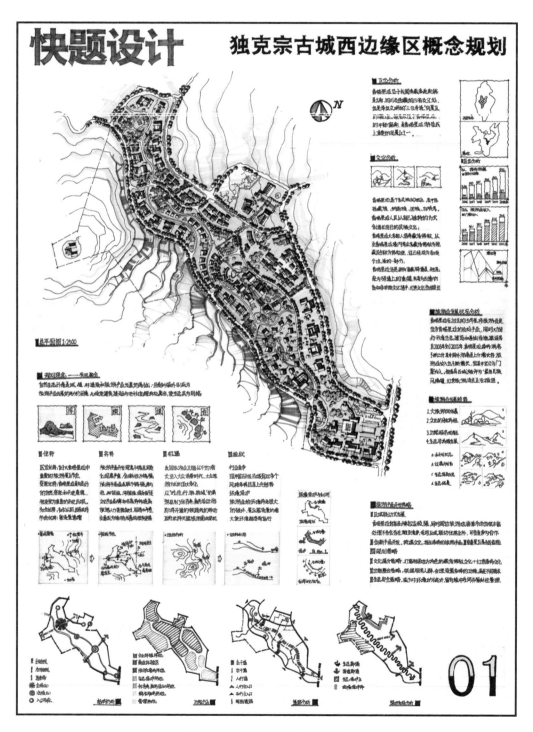

图 8.4.1　旅游服务区规划图 1

图 8.4.2 功能分区较为合理，考虑了基地的地形，在较为平缓的地段设置了大跨度的公共建筑，在较为陡峭的地段设置了小尺度建筑。充分考虑古城墙的保护与利用，发挥城墙的文化效应。道路交通考虑了基地与高速路的联系及基地与旅游景点的联系。空间景观考虑了基地与外侧重要景观节点的关系，并设计了空间联系廊道。

图 8.4.2　旅游服务区规划图 2

图 8.4.3 图面表达效果较好。构思分析图较好地表达了方案的生成过程，能够体现设计者的设计思维和对细节的考虑。

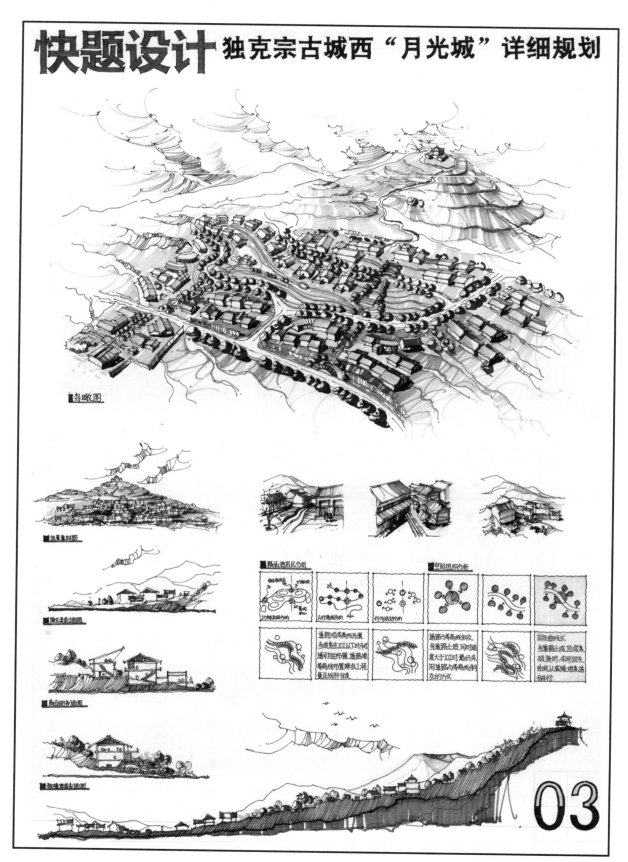

图 8.4.3　旅游服务区规划图 3

附录 A　经济技术指标

规划图中常用到的经济技术指标如表 A.1 所示。

表 A.1　　　　　　　　　　常用技术经济指标详解

指标名称	定义	单位	公式
总用地面积	题目给出的规划用地面积	hm^2	无
总建筑面积	规划地段内所有建筑的面积总和	m^2	无
分区建筑面积	各主要功能单元的建筑面积	m^2	无
容积率	规划用地内的总建筑面积与规划用地面积的比值		容积率 = 总建筑面积 / 规划用地面积
建筑密度	规划用地内各类建筑的基底总面积与规划用地面积的比率	%	建筑密度 =（各类建筑的基底总面积 / 规划用地面积）×100%
绿地率	规划用地内各类绿地面积的总和与规划用地面积的比率	%	绿地率 =（各类绿地总面积 / 规划用地总面积）×100%
绿化覆盖率	规划用地内的绿化在地面的垂直投影面积的总和与规划用地面积的比率	%	绿化覆盖率 =（绿化在地面的垂直投影面积的总和 / 用地面积）×100%
停车位	停车位的数目	个	无

附录 B 运动场的常用尺寸

运动场为城市中用于体育锻炼或比赛的场地。常用的运动场主要有篮球场、排球场、网球场、羽毛球场、乒乓球场、标准足球场、400m 跑道和 200m 跑道。运动场由于使用性质的要求，一般和对工作、学习环境要求较高的区域应该有明显的空间分隔。运动场的长边应南北向设置，避免眩光。如图 B.1 所示。

（a）标准篮球场地　　　（b）标准足球场地　　　（c）小区域乒乓球场地

图 B.1　各类运动场平面图

大禹手绘培训机构

　　大禹手绘培训机构是全国唯一一家由建筑老八校和美院老八校毕业生为师资力量的手绘、考研专业培训机构，是具有建筑院校和艺术院校双重优势的培训机构。自 2009 年成立以来发展至今，一直注重于手绘艺术与设计的结合，这一办学思路更是根植在大禹的所有课程之中。

　　现大禹手绘共有 5 大校区：北京、西安、武汉、郑州、重庆。仅在 2016 年暑假培训中，五大校区共招生人数近 6000 人。在建筑学专业，大禹仅 2017 年上半年便招生近 3000 人，参与大禹独家创办的线上建筑手绘游戏者超 3000 人，大禹手绘无疑已成为中国规模最大、满意度最高的专业手绘、考研培训机构。

大禹手绘系列丛书

　　大禹手绘系列丛书是大禹手绘培训机构基础部的金牌教师们通过多年的手绘教学经验，总结而出的设计类各专业的权威手绘教程，同时也是大禹手绘培训班的课上辅导教材。丛书共包含 4 册：建筑手绘教程、规划手绘教程、景观手绘教程、室内手绘教程。经过大禹手绘老师们长时间的积累探索，大禹手绘基础培训正在慢慢向实战型手绘培训发展，在注重基础手绘的同时更注重其实际运用，"学以致用"一直是此系列丛书的指导思想，让学生通过本书的学习，学到的功夫不仅仅停留在会使用花拳绣腿似的花招数上，更重要的是提升其方案生成能力和图面表达能力，这才是设计类学生最不可替代的硬本领。

　　本系列丛书可供建筑、规划、景观、室内等设计相关专业低年级同学了解手绘、高年级同学考研备战，也可供手绘爱好者及相关专业人士参考借鉴，使学习、考研、工作三不误。

建筑手绘教程　　　　规划手绘教程　　　　景观手绘教程　　　　室内手绘教程